生物安全实验室关键防护设备性能现场检测与评价

曹国庆　张彦国　翟培军　王　荣　等编著

中国建筑工业出版社

图书在版编目（CIP）数据

生物安全实验室关键防护设备性能现场检测与评价/曹国庆等编著. —北京：中国建筑工业出版社，2018.3
ISBN 978-7-112-21614-7

Ⅰ. ①生… Ⅱ. ①曹… Ⅲ. ①生物学-实验室管理-安全设备-性能检测②生物学-实验室管理-安全设备-性能-评价 Ⅳ. ①Q-338

中国版本图书馆CIP数据核字（2017）第301883号

本书通过对我国生物安全实验室尤其是高级别生物安全实验室中常用的十种关键防护设备的实际性能及使用现状的大规模调研检测和大数据分析，可以为关键防护设备测试项目以及评价指标的确立提供数据支撑，为生物安全实验室关键防护设备风险评估的开展提供科学依据。

全书共分10章，分别为生物安全柜、生物安全隔离笼具（IVC）、手套箱式隔离器、非气密式隔离器、气体消毒设备、气密门、排风高效过滤装置、正压防护服、生命支持系统、化学淋浴系统，其中手套箱式隔离器、非气密式隔离器在RB/T 199中统称为动物隔离设备。可供各级各类生物安全实验室管理人员、检验人员和教学人员参考。

责任编辑：张文胜
责任设计：李志立
责任校对：李欣慰

生物安全实验室关键防护设备性能现场检测与评价
曹国庆　张彦国　翟培军　王　荣　等编著
*
中国建筑工业出版社出版、发行（北京海淀三里河路9号）
各地新华书店、建筑书店经销
霸州市顺浩图文科技发展有限公司制版
北京君升印刷有限公司印刷
*
开本：787×1092毫米　1/16　印张：8¼　字数：206千字
2018年4月第一版　2019年1月第二次印刷
定价：**35.00**元
ISBN 978-7-112-21614-7
（31270）

编审委员会

主　审　王清勤　许钟麟　张益昭　宋冬林

主　编　曹国庆　张彦国　翟培军　王　荣

副主编　李　屹　党　宇

编　者（以姓氏笔画为序）

王　栋　代　青　冯　昕　关云涛　李晓斌　李燕燕
张　维　张　惠　张昆东　肖　阳　陈　咏　陈方圆
金　真　周　权　周　琦　周永运　赵　辉　郝　萍
侯雪新　袁艺荣　高　鹏　唐江山　陶子江　曹　振
曹冠鹏　梁　磊　董　林　谭　鹏

序

2003年SARS的肆虐，曾给我国造成了重大损失。近几年在非洲暴发的埃博拉疫情，也很快在欧美出现病例。要抵御这类威胁，必须构筑一道坚固的防线，生物安全实验室是这道防线的重要组成部分，尤其高级别（三级和四级）生物安全实验室是研究和预防重大传染病的重要基础设施之一。20世纪50～60年代，美国出现了最早的生物安全实验室，随后苏联、英国、法国、德国、日本、澳大利亚、瑞典、加拿大等国家也相继建造了不同级别的生物安全实验室。我国生物安全实验室建设起步较晚，各类疫情的陆续暴发使我国各相关部门意识到生物安全实验室在烈性传染病防控研究方面的重要意义。20世纪80年代中期，我国第一台生物安全柜由中国建筑科学研究院空调所研制成功并开始生产，1989年系统介绍生物安全柜与生物安全实验室的著作《空气洁净技术应用》出版。2004年我国颁布了《病原微生物实验室生物安全管理条例》（国务院令第424号）、国家标准《实验室　生物安全通用要求》GB 19489—2004和《生物安全实验室建筑技术规范》GB 50346—2004，使我国生物安全实验室的建设和管理走上了法制化和规范化轨道。随后的10余年时间，国内一批高级别生物安全实验室相继建成并投入使用。

生物安全与国家核心利益密切相关，是国家安全的重要组成部分，越来越受到各国政府的高度重视，许多国家把生物安全纳入国家战略。国家发展和改革委员会、科学技术部于2016年11月8日联合印发了《关于印发高级别生物安全实验室体系建设规划（2016-2025年）的通知》（发改高技［2016］2361号），对我国高级别生物安全实验室的建设进行了整体规划布局；农业部于2017年8月31日发布了《兽用疫苗生产企业生物安全三级防护标准》，对兽用疫苗生产检验生物安全防护条件应达到兽用疫苗生产企业生物安全三级防护要求的生产车间、检验用动物房、质检室、污物处理、活毒废水处理设施以及防护措施等提出了生物安全三级防护要求。

生物安全实验室建筑设施及关键防护设备性能是确保实验室生物安全的前提，需要进行定期维护检测与评价。中国建筑科学研究院近15年一直从事生物安全实验室建设方面的科研、标准、设计、检测与验收工作，先后主编了国家标准《生物安全实验室建筑技术规范》GB 50346、《实验动物设施建筑技术规范》GB 50447、行业标准《生物安全柜》JG 170等，其中《生物安全实验室建筑技术规程》GB 50346被国务院令第424号采纳，在条令第三章第十九条明确要求“新建、改建、扩建三级、四级实验室或者生产、进口移动式三级、四级实验室应当符合国家生物安全实验室建筑技术规范的规定”。设计了中国疾病预防控制中心昌平园区一期工程、国家兽医微生物中心等众多生物安全实验室相关工程，检测验收了国内绝大部分高级别生物安全实验室硬件设施设备，积累了丰富的经验。本书是大量生物安全实验室设施设备检测案例汇总分析成果之一，旨在与所有从事生物安全实验室研究的相关人员探讨交流。

祝愿我国生物安全事业稳步健康发展，为实现富国强军目标保驾护航。

王清勤

2017年12月26日

前　言

随着我国生物、医疗、卫生事业的快速发展，在微生物学研究、生物技术开发、遗传基因工程、生化武器反恐等多个方面，越来越多的生物安全实验室相继建立和投入使用，特别是近些年来SARS、禽流感、甲型H1N1流感的大面积爆发，非洲埃博拉疫情的突然爆发，促使生物安全实验室的建设呈现了前所未有的升温态势。

生物安全实验室建筑设施及关键防护设备的风险评估（包括生物风险评估、物理风险评估）是确保实验室生物安全的前提。目前国内尚无生物安全风险评估这方面的相关国家标准和操作指南，各实验室各自建立了自己的风险评估报告，给出了操作流程和验证指南等，由于缺乏统一标准指导，操作实施难度较大，也不利于主管单位的验证验收和评价。

为更好地指导我国生物安全实验室的建设、使用和维护保养，“十三五”国家重点研发计划项目“国产化高等级病原微生物模式实验室建设及管理体系研究”课题“高等级病原微生物实验室风险评估体系建立及标准化研究”（编号：2016YFC1202202）对生物安全实验室建筑设施及关键防护设备的风险评估技术进行了研究，本书是该科研课题的研究成果之一。

中国建筑科学研究院建筑环境与节能研究院在生物安全实验室建设与检测验收方面有着多年的研究积累，具有丰富的研究经验和研究成果。本书通过对我国生物安全实验室尤其是高级别生物安全实验室中常用的十种关键防护设备的实际性能及使用现状的大规模调研检测和大数据分析，为关键防护设备测试项目以及评价指标的确立提供数据支撑，为生物安全实验室关键防护设备风险评估的开展提供科学依据。期望推动我国实验室生物安全装备产业的发展，提高我国参与生物安全实验室领域标准化建设水平，强化生物安全科技保障能力。

本书按照我国认证认可行业标准《实验室设备生物安全性能评价技术规范》RB/T 199—2015“第4章 设备评价要求”的章节条文顺序进行内容编排，共分10章，分别为生物安全柜、生物安全隔离笼具（IVC）、手套箱式隔离器、非气密式隔离器、气体消毒设备、气密门、排风高效过滤装置、正压防护服、生命支持系统、化学淋浴系统，其中手套箱式隔离器、非气密式隔离器在RB/T 199中统称为动物隔离设备。

本书旨在为各级各类生物安全实验室管理人员、检验人员和教学人员提供参考和帮助。由于编写时间匆忙，成稿仓促，书中难免有疏漏和谬误之处，希望广大同仁在使用过程中提出宝贵意见。

2017年9月

目　　录

第 1 章　生物安全柜（BSC）

1.1　生物安全柜定义、特征及用途

1.1.1　定义

生物安全柜（图 1.1.1）是为了保护操作人员及周围环境安全，把处理病原体时发生的污染气溶胶隔离在操作区域内的第一道隔离屏障，通常称为一级屏障或一级隔离。

图 1.1.1　生物安全柜

国内外相关标准规范对生物安全柜的定义如下：

（1）美国标准 NSF49

生物安全柜用于对生物危险水平为 1～4 级的生物因子的操作，通常设于微生物和生化实验室内。

（2）欧洲标准 EN12469：2000

生物安全柜是排风经过过滤的通风装置，目的是为了避免操作过程中产生的潜在危险物或微生物因子气溶胶感染操作人员和污染环境。

（3）加拿大标准

Ⅰ级生物安全柜是一种用于保护人员和环境的带通风的橱柜。

Ⅱ级生物安全柜是一种用于保护人员、产品和环境的带通风的橱柜。

Ⅲ级生物安全柜，该橱柜要保持至少 120Pa 的负压。

（4）CDC. NIH 手册

III 级生物安全柜是一个完全密闭的气密结构的通风柜。

（5）WHO

生物安全柜是用于保护实验者、环境和受试样本的设备，防止对致病因子进行操作时

产生气溶胶或泼贱物对实验者、环境和受试样本的感染。

(6)《实验室 生物安全通用要求》GB 19489—2008

具备气流控制及高效空气过滤装置的操作柜，可有效降低实验过程中产生的有害气溶胶对操作者和环境的危害。

(7)《生物安全柜》JG 170—2005

防止操作过程中含有危险性生物气溶胶散逸的负压空气净化排风柜。

(8)《Ⅱ级生物安全柜》YY 0569—2011

负压过滤排风柜，防止操作者和环境暴露于实验过程中产生的生物气溶胶。

1.1.2 特征及用途

上述各种各样对生物安全柜的描述，虽然在语言表达上各不相同，但其本质内容是一致的，其内容均涵盖了生物安全柜的以下特征：(1) 用途：对病原微生物进行操作的空气净化排风柜，这一点各个标准均已涉及；(2) 目的：保护使用者和环境，有的型号还保护受试样本，这一点在一部分标准中已涉及；(3) 特点：负压、排风过滤，这一点在一部分标准中未明确。

1.1.3 工作原理

生物安全柜作为生物安全的一级屏障，其工作原理主要是通过动力源将外界空气经高效空气过滤器（High-Efficiency Particulate Air Filter，HEPA）过滤后（Ⅰ级生物安全柜除外）送入安全柜内，以避免处理样品被污染，同时，通过动力源向外抽吸，将柜内经过高效空气过滤器过滤后的空气排放到外环境中，使柜内保持负压状态。该设备能够在保护实验样品不受外界污染的同时，避免操作人员暴露于实验操作过程中产生的有害或未知性生物气溶胶和溅出物。因此被广泛应用于各级医疗机构检验科室、各级疾病/疫病预防控制中心、各类高等级生物安全实验室及各类药品制造企业。

生物安全柜是实现第一道物理隔离的关键产品，是生物安全实验和研究的第一道屏障，也是最重要的屏障之一。生物安全柜的质量直接关系到科研和检测人员的生命安全，关系到实验室周围环境的生物安全，同时也直接关系到实验结果的准确性。

1.2 生物安全柜的分级与分类

1.2.1 生物安全柜分级

生物安全柜是早在20世纪60年代就出现的工业产品，随着使用要求的不断提高，制造工艺不断发展，世界各国对本国的生物安全柜产品标准不断地进行修订和完善。在追求世界全球化的今天，世界各国对生物安全柜的分级也逐渐统一。

Ⅰ级生物安全柜（图1.2.1）是最低一级，只要求保护工作人员和环境而不保护样品。气流原理和实验室通风橱一样，不同之处在于排风口安装有高效过滤器。所有类型的生物安全柜都在排风口使用高效过滤器。Ⅰ级生物安全柜本身无风机，依赖外接排风管中的风机带动气流，由于不能保护柜内实验样品，目前已较少采用。

Ⅱ级生物安全柜（图 1.2.2-1～图 1.2.2-4）目前使用最为广泛，高效过滤器过滤后的洁净气流从安全柜顶部垂直吹下，通过工作区域，在工作人员的呼吸区前被吸入安全柜的回风格栅，该气流经过高效过滤器处理后排至实验室内或大气中。所以Ⅱ级生物安全柜对工作人员、环境和产品均提供保护。

Ⅲ级生物安全柜（图 1.2.2-5）是为 4 级生物安全实验室而设计的，在其中进行致命而又无预防措施的微生物操作，因此应具有严格的保护措施。该类型生物安全柜柜体完全气密，工作人员通过连接在柜体的手套进行操作，俗称“手套箱”（Glove box），试验品通过双门互锁的传递窗进出安全柜，以确保柜内污染不外溢，适用于高风险的生物实验。

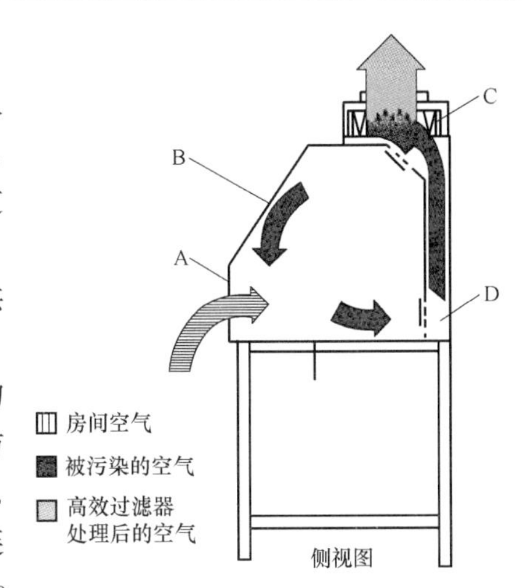

图 1.2.1　Ⅰ级生物安全柜

A—生物安全框（BSC）主面板；B—BSC 主斜顶面板；C—排风高效过滤器；D—BSC 回/排风腔体

1.2.2　生物安全柜分类

国内外生物安全柜标准规定的分类略有不同，其内容和范围也不完全相同。欧洲标准 EN12469 对Ⅰ级、Ⅱ级和Ⅲ级三个级别生物安全柜性能和试验方法都有明确的规定，但对Ⅱ级生物安全柜的分类没有详细描述；美国标准 NSF49 和日本标准 JIS K3800 对Ⅱ级生物安全柜的性能和试验方法有详细的描述，对Ⅱ级生物安全柜从结构和性能上进行了分类。

我国标准借鉴国外相关标准，对Ⅰ级、Ⅱ级和Ⅲ级三个级别生物安全柜的分类进行了描述和规定。在Ⅱ级生物安全柜分类方法上采用了美国标准的方法，因为目前国内市场上销售和使用的进口安全柜以美国产品为主，并且日本标准中的分类方法也接近美国标准，这样有利于我国产品能和国际标准接轨，方便该产品市场的统一管理。各国标准对Ⅱ级生物安全柜的具体分类详见表 1.2.2-1。

Ⅱ级生物安全柜分类表　　**表 1.2.2-1**

特征	美国标准	日本标准	中国标准
分类	A1;A2;B1;B2	A;B1;B2;B3	A1;A2;B1;B2
循环空气比例	A1:70% A2:70% B1:30% B2:0	A:50%～70% B1:30% B2:0 B3:50%～70%	A1:70% A2:70% B1:30% B2:0
有无正压污染区	A1:有 A2:无 B1:无 B2:无	A:有 B1:无 B2:无 B3:有,但被负压区域包围	A1:有 A2:无 B1:无 B2:无
前窗入口平均进风速度	A1:≥0.38m/s A2:≥0.50m/s B1:≥0.50m/s B2:≥0.50m/s	A:≥0.40m/s B :≥0.50 m/s B2≥0.50m/s B3≥0.50m/s	A1:≥0.40m/s A2:≥0.50m/s B1:≥0.50m/s B2:≥0.50m/s

美国标准 NSF49 将Ⅱ级生物安全柜依照入口气流风速、排风方式和循环方式等分为 4 个类型：A1 型、A2（原 B3 型）、B1 型和 B2 型：

A1 型生物安全柜前窗入口平均进风速度至少为 0.38m/s。70%的气体通过高效过滤器后再循环至工作区，30%的气体通过排气口过滤排除，见图 1.2.2-1。

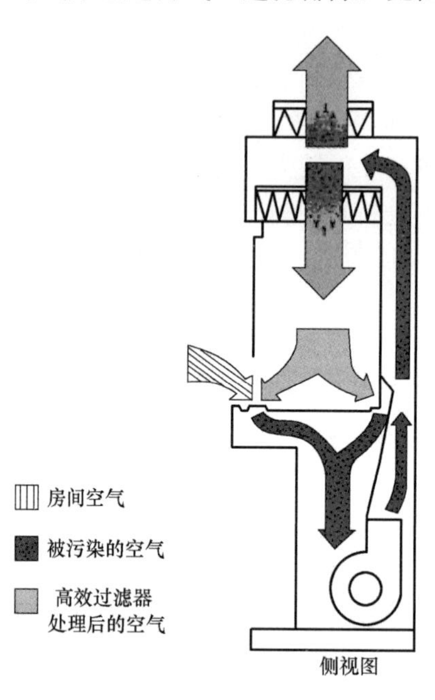

图 1.2.2-1　Ⅱ级 A1 型生物安全柜

A2 型生物安全柜前窗气流平均速度至少为 0.5m/s。70%的气体通过高效过滤器后再循环至工作区，30%的气体通过排气口过滤排除，见图 1.2.2-2。

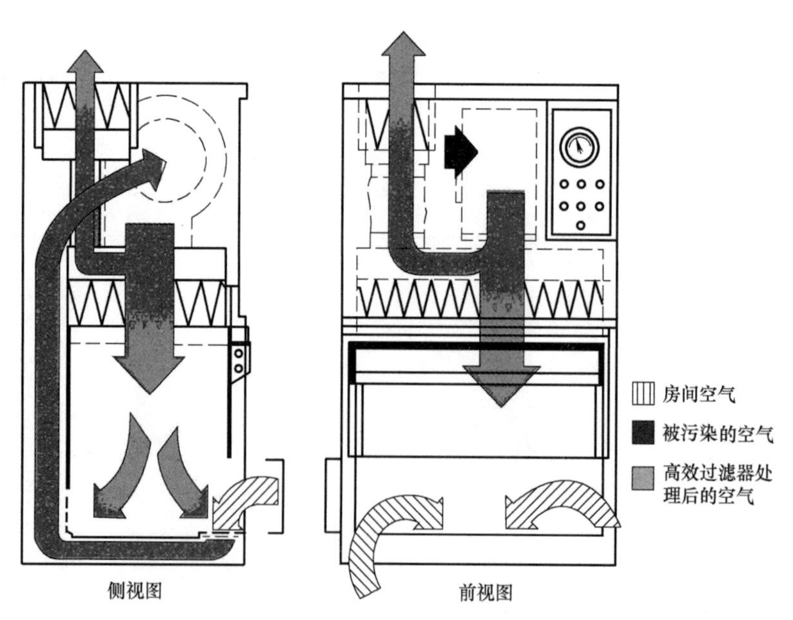

图 1.2.2-2　Ⅱ级 A2 型生物安全柜

A1型和A2型生物安全柜还有重要的不同，A1型有正压污染区，A2型无正压污染区，这属于构造上的区别，从图1.2.2-1可以看出，A1型生物安全柜排风机在工作区下方，风机从工作区吸入污染气流通过安全柜后壁回风夹道，压入柜体上部静压箱，经过排风高效过滤器过滤后排至柜体外，风机出口到排风高效过滤器之间的区域属于正压污染区，如果柜体密封不严，将使污染气流溢出柜体外，造成污染环境的可能。所以这种结构目前很少采用。图1.2.2-2中的A2型风机设于安全柜的上部，可以使污染气流均处于负压区，从结构上安全度优于A1型。

B型生物安全柜均为连接外排系统的安全柜，其前窗气流平均速度至少为0.5m/s。B1型70%的气体通过排气口高效过滤器排除，30%的气体通过高效过滤器再循环至工作区；B2型为100%全排型生物安全柜，无内部循环气流，可同时提供生物性和化学性的完全控制，见图1.2.2-3、图1.2.2-4。

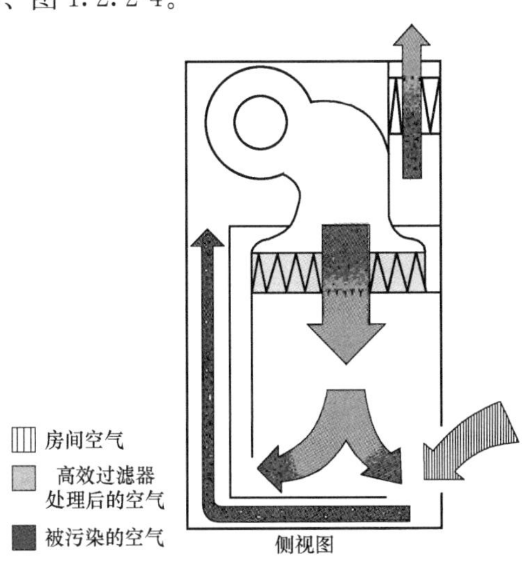

图1.2.2-3　Ⅱ级B1型生物安全柜

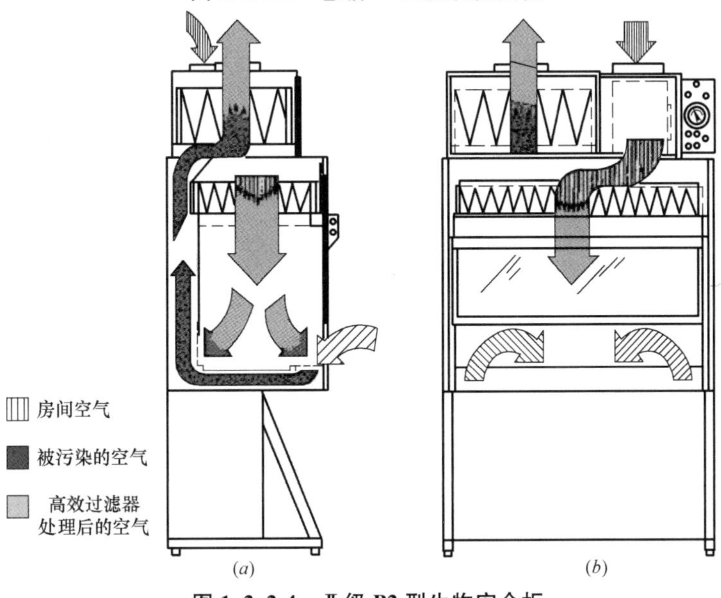

图1.2.2-4　Ⅱ级B2型生物安全柜

（a）侧视图；（b）前视图

美国标准 NSF49 还规定了各种类型的生物安全柜适用的实验操作类型：A1 型生物安全柜不能用于挥发性有毒的化学试剂实验和挥发性的放射性实验；A2 型和 B1 型生物安全柜可用于少量的挥发性有毒的化学试剂实验和作为示踪剂的放射性实验；B2 型生物安全柜可以进行挥发性有毒的化学试剂实验和挥发性的放射性实验。

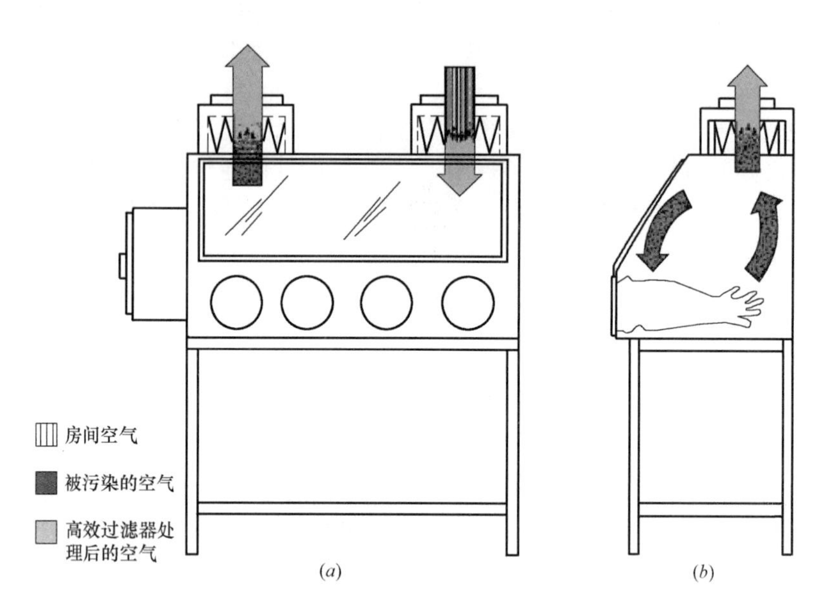

图 1.2.2-5　Ⅲ级生物安全柜

(a) 前视图；(b) 侧视图

日本标准 JIS K3800 中的 B3 型生物安全柜为负压型，相当于美国标准中的 A2 型，目前国内外市场上出现的产品型号为 A/B3 型，相当于 A2 型。日本标准的分级和分类基本和美国标准相似，只是在 A 型入口风速和循环空气比例等方面稍有区别。

我国《Ⅱ级生物安全柜》YY 0569—2011 根据安全柜几个重要特征进行分类：排风方式、循环空气比例、柜内气流形式、工作窗口进风平均风速和保护对象。对生物安全柜的标记作了详细的规定（图 1.2.2-6），使国内生物安全柜的生产、使用、流通等领域有了统一的标示，这在国外标准中均没有规定过。

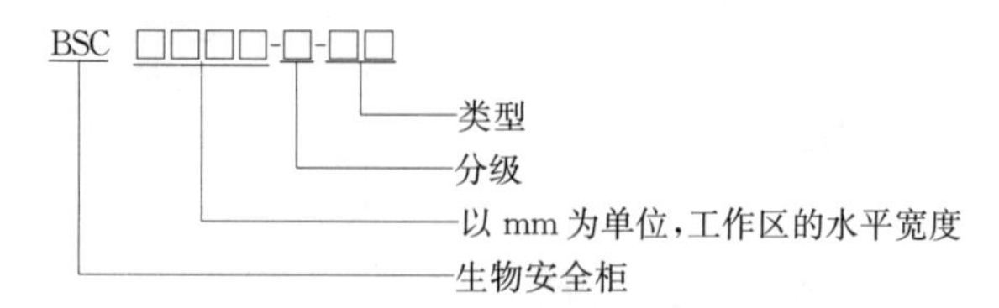

图 1.2.2-6　生物安全框标记

工作区的水平宽度可参照表 1.2.2-2，深度和外形尺寸根据使用方的要求由厂家具体确定。

生物安全柜工作区的水平宽度　　表 1.2.2-2

尺寸	工作区的水平宽度(mm)						
	900	1000	1100	1200	1300	1500	1800

标记实例：BSC1200—Ⅱ—B1 表示工作区水平宽度为 1200mm，Ⅱ级 B1 型生物安全柜；BSC1100—Ⅲ表示工作区水平宽度为 1100mm，Ⅲ级生物安全柜。

1.3 生物安全柜国内外标准及性能指标

1.3.1 国内外相关标准

早在 20 世纪 70 年代，美国就颁布了 NSF49，被公认为是生物安全柜领域最完善的标准。2002 年，ANSI/NSF 49 正式获得了美国国家标准学会（American National Standard Institute，ANSI）的官方认可，成为美国生物安全柜的统一标准，现行标准版本为《生物安全柜：设计、建造、性能及现场验证》ANSI/NSF 49-2014。

2000 年 5 月，欧洲标准化委员会（CEN）颁布了生物安全柜欧洲标准《生物技术—生物安全柜性能要求》EN 12469：2000，正式替代了德国 DIN12950、英国 BS5726 和法国 NF X-44-201 等生物安全柜的标准，成为欧盟区域内生物安全柜的统一标准。

日本空气清净协会于 1983 年公开颁布了日本的Ⅱ级生物安全柜标准，并于 2000 年经日本工业标准调查会的审议确定，对该标准做了修订。

我国从 20 世纪 80 年代即已研究和生产生物安全柜，并分别于 2005 年和 2011 年颁布实施了用于评价生物安全柜综合性能的建筑工业行业标准《生物安全柜》JG 170—2005 以及医药行业标准《Ⅱ级生物安全柜》YY 0569—2011，另外国家标准《生物安全实验室建筑技术规范》GB 50346—2011 对于生物安全柜的现场检测也有所提及。

为了能够充分验证设备对实验样品的保护能力、实验样品与操作人员的隔离作用以及操作人员的舒适性，上述规范或标准针对安全柜成品所处的不同阶段，如产品出厂、样品送检等均提出了相对应的测试项目。

1.3.2 性能指标

在整理相关资料时发现，国内外相关标准对安全柜现场测试项目的要求存在一定的差别，表 1.3.2 中汇总整理了《生物安全柜：设计、建造、性能及现场验证》NSF/ANSI 49—2014、《生物技术-生物安全柜性能要求》EN 12469—2000、《Ⅱ级生物安全柜》YY 0569—2011 以及 962 台样本在测试过程中所涉及的现场验证项目。

不同标准对现场检测项目及要求　　表 1.3.2

测试项目	NSF/ANSI 49—2014	EN12469：2000	YY 0569—2011	受试样本现场主要验证项目
垂直气流平均风速	●	●	●	●
垂直气流风速均匀度	●	●	●	○
垂直风速与标称值偏差	●	○	●	○
窗口气流平均风速	●	●	●	●
窗口风速与标称值偏差	●	○	●	○
气流组织	●	●	●	●

续表

测试项目	NSF/ANSI 49—2014	EN12469:2000	YY 0569—2011	受试样本现场主要验证项目
送风高效过滤器检漏	●	●	●	●
排风高效过滤器检漏	●	●	●	●
洁净度	○	○	○	●
照度	●	◎	◎	●
噪声	●	◎	◎	●
报警验证	●	◎	●	—
风机连锁	●	◎	●	—
振动	●	◎	◎	—
漏电	●	◎	◎	—
接地电阻	●	◎	◎	—
耐电压	●	◎	◎	—

注：●为规范中列入现场验证的项目或现场需验证项目。
○为规范中未提及且未列入现场验证的项目。
◎为规范中有提及但未列入现场验证项目或现场未验证项目。

为了能够充分反映生物安全柜的实际运行情况，同时有效验证设备对人员及产品的保护作用，通过分析整理了国内外相关规范标准中所涉及的测试项目，将用以评价安全柜的综合运行能力的测试项目最终确定为垂直气流平均风速、工作窗口进风平均风速、操作区洁净度、气流方向、噪声、照度、送/排风高效过滤器检漏。

1.4 生物安全柜现场检测情况分析

1.4.1 生物安全柜类型比例统计

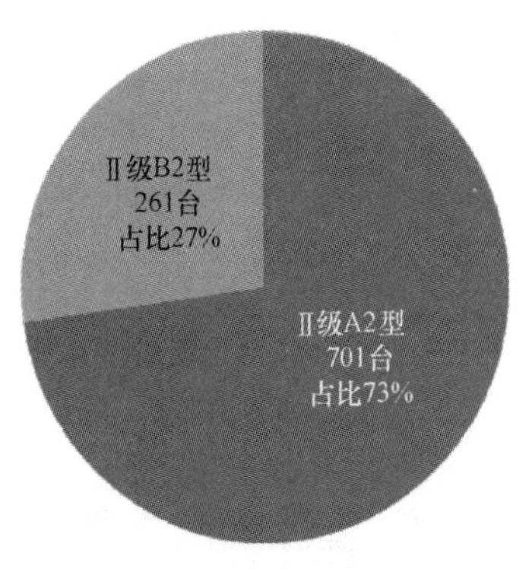

图 1.4.1 受试样本中各类型生物安全柜所占比例

本次用于支撑调研结果的数据主要通过 2013～2015 年生物安全柜现场实际检测获得。统计年份内有效数据结果共计 962 台，其中，2013 年累计测试 308 台；2014 年累计测试 319 台；2015 年累计测试 335 台。

通过调研后发现，我国目前生物安全柜的实际使用型号主要集中在Ⅱ级 A2 型、B2 型两种。其中，以Ⅱ级 A2 型在各行业领域所占比重最大；Ⅱ级 B2 型主要应用于配液中心化疗、抗生素药物配制及部分生物安全实验室，而Ⅱ级 A1 型和Ⅱ级 B1 型生物安全柜已经很少使用。统计类型分布见图 1.4.1。

1.4.2 平均风速调研结果

《生物安全柜：设计、建造、性能及现场验证》NSF/ANSI 49—2014 中规定垂直气流平均风速偏差应在厂家标称值的±0.025m/s 范围内；《生物技术—生物安全柜性能要求》EN 12469：2000 及《Ⅱ级生物安全柜》YY 0569—2011 中均规定用于保护产品的垂直气流平均风速范围为 0.25～0.5m/s；《生物安全柜》JG 170—2005 中规定垂直气流平均风速范围为 0.25～0.4m/s。通过汇总统计样本，得出按照上述不同标准评价时生物安全柜合格率，具体数据及分布情况见表 1.4.2。

垂直气流平均风速合格率对比 表 1.4.2

品牌产地	品牌名称	数量（台）	NSF/ANSI 49 要求：标称值±0.025m/s			EN12469 及 YY0569 要求：0.25～0.5m/s	JG170 要求：0.25～0.4m/s
			标称值（m/s）	合格范围（m/s）	合格率（%）	合格率（%）	合格率（%）
国产品牌	品牌 A	60	0.35	0.325～0.375	11.70%	88.30%	80.00%
	品牌 B	42	0.35	0.325～0.375	35.70%	88.10%	73.80%
	品牌 C	37	0.32	0.295～0.345	10.80%	86.50%	56.80%
	品牌 D	43	0.35	0.325～0.375	18.60%	88.40%	67.40%
进口品牌	品牌 A	205	0.3	0.275～0.325	19.00%	92.70%	52.70%
	品牌 B	82	0.32	0.295～0.345	15.90%	89.00%	52.40%
	品牌 C	178	0.36	0.335～0.385	11.80%	92.10%	70.80%
	品牌 D	160	0.28	0.255～0.305	11.30%	89.40%	56.90%
	品牌 E	155	0.33	0.305～0.355	14.80%	94.20%	67.10%
整体合格率					15.40%	91.10%	62.50%

从表 1.4.2 的统计结果可看出：

（1）不同评价标准对于样本中垂直气流平均风速合格率有较大区别。由于 NSF/ANSI 49 标准要求合格范围为标称值的±0.025m/s，较之其他标准范围要小很多，因此合格率仅为 15.4%；按照 EN 12469 及 YY 0569 的要求评价时合格率最高，能够占总样本数的 91.10%，按照 JG 170 的要求评价时合格率占总样本数的 62.50%，其中垂直气流平均风速位于 0.4～0.5m/s 之间占总样本数的 28.6%。

（2）值得注意的是样本中有 5.4%的安全柜垂直平均风速低于 YY 0569 及 JG 170 标准中下限 0.25m/s 的要求，同时超出上述标准中上限 0.5m/s 以上占总样本数的 3.6%。

1.4.3 进风平均风速调研结果

《生物安全柜：设计、建造、性能及现场验证》NSF/ANSI 49—2014 中规定工作窗口进风平均风速≥0.51m/s，且风速偏差应在厂家标称值的±0.025m/s 范围内；《生物技术—生物安全柜性能要求》EN 12469：2000 规定用于保护产品的工作窗口进风平均风速应≥0.4m/s；《生物安全柜》JG 170—2005 及《Ⅱ级生物安全柜》YY 0569—2011 中均规定垂直气流平均风速应≥0.5m/s。通过汇总统计样本，得出按照上述不同标准评价时生物安全柜合格率，具体数据及分布情况见表 1.4.3。

工作窗口进风平均风速合格率对比　　表 1.4.3

品牌产地	品牌	数量（台）	NSF49 要求：≥0.51m/s，且范围位于设备标称值的±0.025m/s			EN12469 要求：≥0.4m/s	JG 170 要求：≥0.5m/s
			标称值（m/s）	合格范围（m/s）	合格率（%）	合格率（%）	合格率（%）
国产品牌	品牌 A	60	0.6	0.575～0.625	10.10%	96.70%	90.00%
	品牌 B	42	0.5	0.51～0.525	6.80%	100.00%	92.90%
	品牌 C	37	0.62	0.595～0.645	12.50%	100.00%	94.60%
	品牌 D	43	0.53	0.505～0.555	4.50%	100.00%	93.00%
进口品牌	品牌 A	205	0.53	0.505～0.555	5.20%	99.00%	97.10%
	品牌 B	82	0.53	0.505～0.555	6.80%	100.00%	96.30%
	品牌 C	178	0.55	0.525～0.575	8.90%	98.30%	93.80%
	品牌 D	160	0.53	0.505～0.555	11.40%	98.80%	95.00%
	品牌 E	155	0.51	0.51～0.535	3.30%	98.70%	93.50%
整体合格率					7.40%	98.90%	94.60%

从表 1.4.3 的统计结果可看出：

（1）不同评价标准对于样本中窗口进风平均风速合格率有较大区别。由于 NSF 49 标准要求合格范围为工作窗口进风平均风速≥0.51m/s，且风速偏差应在厂家标称值的±0.025m/s，除规定了最小风速外，对风速的上下限也作了严格要求，因此合格率仅为 7.40%；由于其他标准对窗口进风平均风速的上限未明确要求，故按照 EN 12469 中≥0.4m/s 的要求评价时合格率最高，能够占总样本数的 98.90%，按照 JG 170 及 YY 0569 中≥0.5m/s 的要求评价时合格率占总样本数的 94.60%。

（2）值得注意的是，有 5.4%的安全柜垂直平均风速低于 YY 0569 及 JG 170 标准中下限 0.5m/s 的要求；同时，统计结果中有 3.7%的样本窗口进风平均风速超过 0.7m/s，该区间范围内部分样品已出现窗口的排风孔板附近工作面的洁净度超标或气流穿越工作区的现象。

1.4.4　气流组织调研结果

《生物安全柜：设计、建造、性能及现场验证》NSF/ANSI 49—2014、《生物安全柜》JG 170—2005 及《Ⅱ级生物安全柜》YY 0569—2011 中均规定安全柜气流组织验证项目应包括：垂直气流试验、观察窗隔离效果气流试验、工作窗口边缘隔离效果气流实验、工作窗开口气流密封效果试验；《生物技术—生物安全柜性能要求》EN 12469：2000。虽然没有对气流组织评价内容做出相应要求，但也明确要求安全柜在安装或维修后应对安全柜进行气流组织检查。通过汇总统计样本，整理得出生物安全柜气流组织合格率分布情况，具体见图 1.4.4。

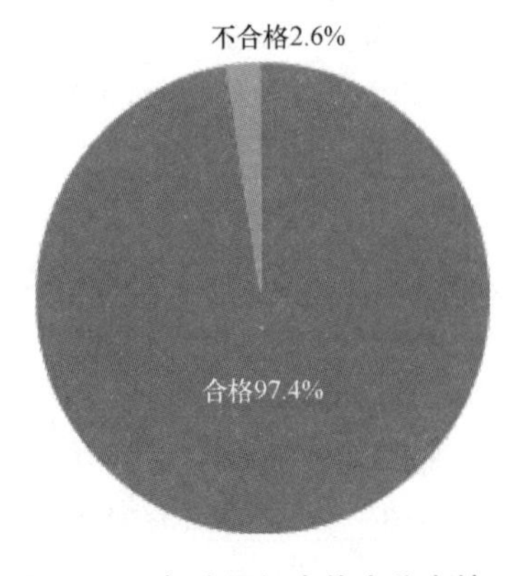

图 1.4.4　气流组织合格率分布情况

通过统计样本发现，气流组织不合理的安全柜数量占总样本数的 2.6%，其中以安全柜窗口气流外溢及垂直气流出现死角回流现象最为常见。

1.4.5 洁净度调研结果

《生物安全柜》JG 170—2005 中要求当保护受试样本时，安全柜操作区域的空气洁净度应达到5级，而《生物安全柜：设计、建造、性能及现场验证》NSF/ANSI 49—2014、《生物技术—生物安全柜性能要求》EN 12469：2000 及《Ⅱ级生物安全柜》YY 0569—2011 均未提及现场测试时对该项目进行检验，仅规定设备安装就位后应对操作面上方送风高效过滤器的完整性进行验证，或在出厂及型式检验时采用微生物法对设备该项性能进行检验。通过汇总统计样本，按照《生物安全柜》JG 170—2005 中规定的要求，整理得出生物安全柜实验操作区域洁净度合格率分布，见图 1.4.5。

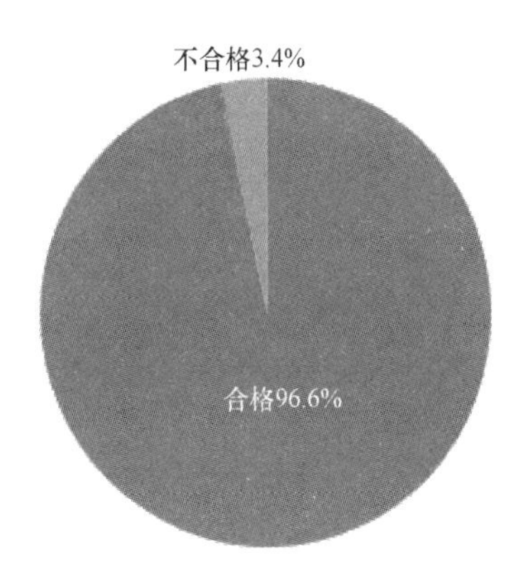

图 1.4.5 操作区洁净度合格率分布情况

通过统计样本发现，安全柜洁净度不达标数量占比 3.4%，其主要原因包括：垂直送风高效过滤器滤芯或安装边框出现泄漏，影响操作区域洁净度；垂直气流风速过低，出现穿越工作区气流，导致污染空气进入操作区域；垂直气流与窗口气流交界处出现涡流，卷吸室内空气导致污染空气进入操作区域。

1.4.6 噪声调研结果

《生物安全柜：设计、建造、性能及现场验证》NSF/ANSI 49—2014 中规定，现场测试时当周围环境噪声不超过 60dB（A）时，距安全柜前方中心水平向外 30cm、操作面上方 38cm 处的噪声不应超过 70dB（A）；《生物技术—生物安全柜性能要求》EN 12469：2000 中规定，现场测试时当背景噪声低于 55dB（A）时，距安全柜窗口中心位置 1m 处噪声不应超过 65dB（A），当背景噪声超过 55dB（A）时，修正后的噪声同样不应超过 65dB（A）；《Ⅱ级生物安全柜》YY 0569—2011 中规定，距安全柜前方中心水平向外 300mm、工作台面上方 380mm 处的噪声应不超过 67 dB（A）；《生物安全柜》JG 170—2005 中规定，距前壁板水平中心向外 300mm，且高于工作面 380mm 处的噪声不超过 65dB（A）；《生物安全实验室建筑技术规范》GB 50346—2011 中规定，生物安全柜运行状态下，安全柜所在房间内噪声最大不应超过 68dB（A）。

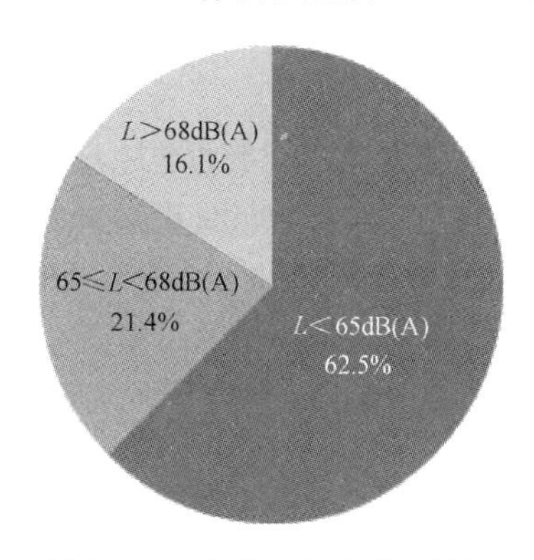

图 1.4.6 噪声合格率分布情况

基于将噪声指标按照上述规范要求中的最小值 65dB（A）以及安全柜所在房间的噪声标准，对调研样本进行合格率统计，得出噪声合格率分布情况见图 1.4.6。

统计结果表明，962 台生物安全柜样本中有 62.5%的噪声符合不大于 65dB（A）的要求，占总数的一半以上；另外，噪声数值在 65～68dB（A）之间的占总数的 21.4%，如按照安全柜所在房间内噪声最大不应超过 68dB（A）进行评判，占比可达到 83.9%。

1.4.7 高效过滤器检漏调研结果

《生物安全柜：设计、建造、性能及现场验证》NSF/ANSI 49—2014 及《Ⅱ级生物安全柜》YY 0569—2011 中规定，对于可扫描检测过滤器，在任何点的漏过率应不超过 0.01%，对于不可扫描检测过滤器检测点的漏过率应不超过 0.005%；《生物技术—生物安全柜性能要求》EN 12469：2000 中规定，当使用粒子计数器进行检漏时，局部透过率为 0.005% 的高效过滤器，其整体透过率应不大于 0.05%；当使用光度计进行检漏时，高效过滤器的局部透过率应不大于 0.05%；《生物安全实验室建筑技术规范》GB 50346—2011 中规定，对于采用扫描检漏的高效过滤器，上游≥0.5μm 粒子浓度在不小于 4000Pc/L 的情况下，下游≥0.5μm 的粒子浓度不应超过 3Pc/L；对于不能进行扫描检漏的高效过滤器，上游 0.3～0.5μm 粒子浓度在不小于 200000 粒/L 的情况下，下游 0.3～0.5μm 粒子的实测计数效率及置信度为 95%的下限效率均不应低于 99.99%。

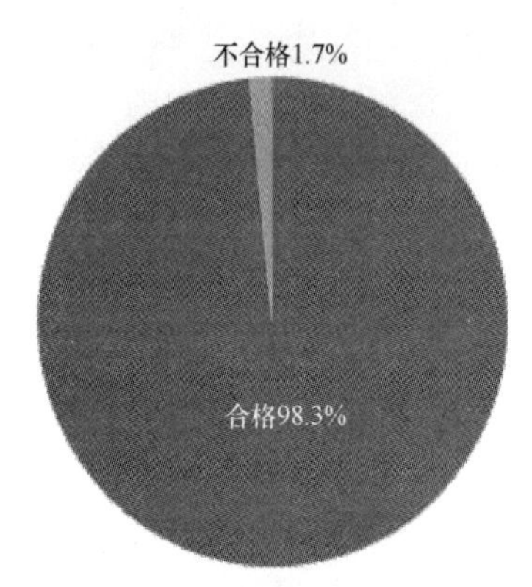

图 1.4.7 高效过滤器完整性合格率分布情况

按照《洁净室施工及验收规范》GB 50591—2010 及《生物安全实验室建筑技术规范》GB 50346—2011，对测试样本进行统计，发现测试样本中的送、排风高效过滤器检漏合格率为 98.3%，见图 1.4.7。

从测试结果可以看出，样本中的送、排风高效过滤器检漏合格率较高，其主要原因是目前应用在安全柜上的高效过滤器所选用的材料及工艺安装形式较为成熟，加之大部分厂家在现场安装完毕后均对该项目进行自检，减少滤芯破损及安装边框泄漏现象的发生。而对于样本中有 1.7%不合格的安全柜，主要集中在已投入运行一段时间的设备，其主要原因为外界因素导致损坏或维护不到位导致的泄漏。

1.5 探讨

通过对 2013～2015 年生物安全柜现场检测的 962 台生物安全柜进行数据汇总整理，可以得出目前生物安全柜的运行现状。下面总结了实际检测过程中出现的问题及部分性的建议，具体如下：

（1）当垂直风速过高时，会加重风机负荷，易导致噪声超标，同时加大了工作窗口气流外溢的风险，通过整理受试样本发现，垂直气流风速位于 0.25～0.5m/s 之间的占总样本数的 91.10%，且均未出现气流组织不合格的现象。因此，建议在保证其他参数合格的前提下，可按照上述要求对风速上限进行规定。

（2）当工作窗口进风风速过高时，易影响到靠近窗口的排风孔板附近工作面的洁净度，统计结果中有 3.7%的样本窗口进风平均风速超过 0.7m/s，且该区间范围内部分样本已出现窗口的排风孔板附近工作面的洁净度超标或气流穿越工作区的现象。因此，不应仅对工作窗口进风风速下限有要求，而忽视对风速上限的要求。

（3）气流流向是对垂直风速及工作窗口进风风速配合效果最直观的体现，也是验证安全柜对操作人员防护效果、对产品的保护能力以及防止产品交叉污染的效果最直观的手段，国内外相关标准对于气流流向都有同样的要求。因此，在安全柜测试中属于必要的验证项目。

（4）对于操作面上方送风高效过滤器完整性的验证，仅能说明高效过滤器滤芯及边框未发生泄漏，并不能消除由于窗口风速过快或垂直风速过低导致污染空气进入实验区域，进而导致实验操作区域受到外界污染的风险，而即使设备在出厂及型式检验进行了对产品保护性能的验证，也不能完全避免设备在运输过程中存在的不可控因素对该项性能的影响。因此，在现场测试时对实验操作区域进行洁净度的测试是十分必要的。

（5）噪声统计结果表明，如按照安全柜所在房间内噪声最大不应超过68dB（A）进行评判，占比可达到83.9%。由于安全柜所处环境主要位于实验室内，考虑实验室内其他噪声源的叠加效果，如将安全柜噪声值定为不超过68dB（A），实验室内噪声将无法有效保证实验室相关规范的要求。因此，建议适当调整噪声上限要求，以期符合现行实验室相关规范要求。

（6）对于安全柜垂直送风而言，其气流形式应为层流状态，然而由于送风系统结构的问题，高效过滤器各断面出风风速难免出现差别，当速度差值过大时，流层之间会产生切应力，进而形成涡体。涡体现象如发生在靠近工作窗口，会将污染空气卷带进实验操作区，进而破坏操作区域的洁净环境。因此为减少涡体现象的发生，需要垂直气流各点风速均趋于一致，对垂直风速均匀性的验证就显得尤为重要。

（7）目前市面上出现的安全柜产品，对于窗口开启高度均有限位报警，此设置可以避免由于开启高度过高导致窗口进风风速降低，导致实验区域污染空气外溢的现象。同时，由于安全柜对操作人员的保护，主要是由窗口形成定向风速实现的，伴随着设备的使用，高效过滤器的阻力会逐渐增加，进而导致窗口风速偏离设定值，对人员保护存在安全隐患。因此，当窗口风速偏离设定值一定范围时应有声光报警。

（8）对于Ⅱ级B2型安全柜而言，其垂直气流和窗口进风分别由不同的动力风机提供，在排风量不足或排风机发生损坏后，如果送风机始终保持运行，安全柜会出现正压，导致气流大量外溢，生物安全的风险极大。因此，安全柜送风机均应与排风机实现连锁，当排风机风量不足或故障停机时，安全柜送风机应连锁停机，并通过报警告知操作人员。

1.6 结论

（1）测试样本中大部分生物安全柜均未出现气流组织不合格的现象，建议在保证其他参数合格的前提下，可按照上述要求对风速上限进行规定。另外，厂家生产安全柜所选用的风机，应能够实现在一定阻力范围内得到相对稳定的送风量。同时，为减少实际运行时的误差，应在出厂检验过程中对每台安全柜垂直风速实际值与设定值之间进行校正。

（2）工作窗口进风风速过高时易出现气流穿越工作区的现象，导致靠近窗口附近工作面的洁净度超标。因此，不应仅对工作窗口进风风速下限有要求，而忽视对风速上限的要求。另外，也应在出厂检验过程中对每台安全柜工作窗口平均进风风速与设定值之间进行校正。

（3）操作区域的气流组织、洁净度、垂直风速均匀性以及设备本身报警功能验证，对安全柜的防护性能而言是必不可少的测试项目。

（4）考虑实验室内其他噪声源的叠加效果，应合理考虑安全柜的噪声上限要求，以期符合现行实验室相关规范要求。

（5）为减少设备在运行周期内高效过滤器发生泄漏的风险，建议使用方对设备进行定期维护，并进行年度的维护检验。

本章参考文献

[1] 全国暖通空调及净化设备标准化委员会. 生物安全柜 JG 170—2005 [S]. 北京：中国标准出版社，2005.

[2] Biosafty Cabinetry：Design，Construction，Performance，and Field Certification. NSF/ANSI49—2014.

[3] Biotechnology-Performance criteria for microbiological safety cabinets. EN 12469：2000.

[4] 北京市医疗器械检测所等. Ⅱ级生物安全柜 YY 0569—2011 [S]. 北京：中国标准出版社，2013.

[5] 中国建筑科学研究院. 生物安全实验室建筑技术规范 GB 50346—2011 [S]. 北京：中国建筑工业出版社，2012

[6] 洁净室施工及验收规范 GB 50591—2010 [S]. 北京：中国建筑工业出版社，2011.

第 2 章　生物安全隔离笼具（IVC）

2.1　隔离笼具（IVC）的用途及分类

2.1.1　结构及原理

独立通风笼具（Individually Ventilated Cages，IVC）属于动物隔离设备的一种，是20世纪70年代末逐步发展起来的新型动物饲养模式，是传统动物实验屏障净化系统的替代设备，其主要用于小型啮齿类实验动物（小鼠、大鼠、豚鼠等）的饲养，具有节约能源、设备维护和运行费用低、防止交叉感染等优点，已越来越多地应用在动物实验室中。它是一种以饲养盒为单位的实验动物饲养设备，空气经过高效过滤器处理后分别送入各独立饲养盒，使饲养环境保持一定压力和洁净度，用以避免环境污染动物或动物污染环境。该设备可用于饲养清洁、无特定病原体或感染的动物。

IVC具有独立的饲养笼具及送、排风系统，能为饲养动物提供相对独立的生存环境。IVC系统主要由动物饲养笼盒、笼架、IVC控制系统、温湿度、风量及静压差等监控系统、送风系统及排风系统等组成，见图2.1.1。IVC隔离笼具每个饲养笼盒都独立送、排风，可防止实验动物交叉感染，众多笼盒由笼架支撑，IVC主机主要由控制器和显示面板等组成，控制主机一般和送、排风变频风机以及送、排风高效空气过滤单元组合在主机箱内。通过控制面板可调节

图 2.1.1　IVC 隔离笼具

风机转速以确保笼具的送、排风量、静压差和微环境空气品质等。

IVC 隔离笼具也是一种局部净化设备，其送、排风及压差控制原理和其他类型局部净化设备类似，其运行原理为：室内空气经送风系统预过滤器和高效空气过滤器过滤后进入主送风管，主送风管内净化空气经送风支管均匀分配，并通过即插即用快捷连接插嘴送入到每个笼盒，从而为实验动物提供均匀的低流速洁净空气。动物排放的废气、毛发和粉尘经笼盒内滤毛装置过滤后经笼架回风管道入主机箱的排风系统，经排风高效过滤器过滤后排放到实验室排风系统或室外，IVC 隔离笼具可为饲养动物提供一定洁净度且低氨气和二氧化碳水平的微环境，同时兼顾保护实验室操作人员和室外大气环境不受污染。笼盒直接排放废气，可增加通风效率，保持垫料干燥，很好地控制温度和湿度，减少笼具更换次数。每个笼盒独立送、排风，有效地防止了动物间交叉感染。IVC 隔离笼具适用于 SPF 级动物的培育、繁殖及实验等，同时生物安全型 IVC 隔离笼具适用于攻毒实验动物的饲养、繁殖及实验等。

2.1.2 IVC 隔离笼具分类及特点

1. IVC 隔离笼具分类

IVC 隔离笼具从 20 世纪 70 年代出现以来得到迅速发展，广泛应用于啮齿类小动物的饲养，随着需求的变化也发展出适用于多种使用条件的 IVC 隔离笼具。不同分类方式汇总见表 2.1.2。

IVC 设备分类 **表 2.1.2**

分类依据	类别	特点描述
用途	饲养大鼠、小鼠、地鼠、豚鼠的 IVC	不同 IVC 在结构、功能等方面基本相同，但笼盒等的规格、尺寸有所不同
主体结构形式	整体式和分体式	整体式即笼具的风机系统和控制系统均安装在笼架上，构成一个整体；分体式即笼架与风机系统的主体分开，通过通风管道系统连接
饲养动物性质	SPF 级（无特定病原体）动物 IVC；感染动物 IVC	SPF 级 IVC 为动物提供无污染微环境；感染动物 IVC 可防止动物携带危险微生物外逸同时提供无污染微环境
笼具运行压力	正压 IVC、负压 IVC 及正负压 IVC	正压 IVC 笼盒内压力高于环境压力，用于清洁动物饲养；负压 IVC 笼盒内压力低于环境压力，用于感染动物饲养；正负压 IVC 根据使用条件不同可提供一定的正压或负压环境

从表 2.1.2 可以看出，根据用途分类，可分为饲养大鼠、小鼠、地鼠、豚鼠以及兔子等的 IVC 隔离笼具，它们在结构、功能、作用等方面基本相同，但笼盒等的规格、尺寸有所不同。根据主体结构分类，可分为整体式和分体式两种。整体式即笼具的送、排风系统和控制系统均安装在笼架上，并与笼架紧密连在一起，构成一个整体。分体式即笼架与送、排风系统的主体是分开的，通过通风管道连接。目前市面上整体式笼具产品应用较多；根据动物微生物学级别分类，可分为饲养 SPF（无特定病原体）级或 GF（无菌）级动物的 IVC 隔离笼具和饲养攻毒动物或携带一定生物危险度级别（1～4 级）微生物的动物的 IVC 隔离笼具。前者的主要作用是为动物提供无污染的微环境使动物免受外界污染，后者主要防止动物携带危险微生物外逸并兼顾提供无污染微环境。根据压力可分为正压 IVC 隔离笼具和负压 IVC 隔离笼具。正压 IVC 隔离笼具是指笼盒内压力高于外部环境大

气压力，多用于清洁动物饲养（防止外部环境感染内部环境），负压 IVC 隔离笼具则指笼盒内压力低于外部环境大气压力，多用于感染动物试验（防止内部环境有害物质污染外部环境），生物安全实验室主要使用负压 IVC 隔离笼具，通常高级别生物安全实验室安装负压 IVC 隔离笼具进行感染动物的饲养和实验。此外，还有一些 IVC 隔离笼具根据使用需求可提供正压或负压，即正负压 IVC 隔离笼具。

2. IVC 隔离笼具的特点

IVC 隔离笼具是一种新型的动物隔离器，不同于常规隔离器，其是以小体积饲养盒为单位的实验动物饲养设备，空气经过高效过滤器处理后分别送入各独立饲养盒使饲养环境保持一定压力、洁净度和 NH_3、CO_2 浓度水平。虽然 IVC 系统在结构上复杂了，却简化了操作程序，提高了空间利用率，是一种全新、高效能、更适合动物福利和保障实验质量的饲养设备。同时，排风经过高效过滤器处理后排入排风系统，可有效避免环境污染动物或动物污染环境。

在实验室维护管理方面，IVC 系统对动物实验具有独特的优势，便于管理，可有效减少实验人员的工作量；在动物饲养和实验方面，由于 IVC 系统中每个笼盒拥有独立的送、排风，各笼盒相互独立隔离，各种不同的动物实验均可共同使用一套 IVC 系统，只要严格按照标准化操作规范（SOP）使用，就不会产生交叉污染，这使得 IVC 笼具可同时饲养不同性质的实验动物，节省空间和实验室资源，防止交叉污染是 IVC 系统的一个重要特点；在动物饲养环境方面，笼盒内换气次数较高，可保持笼盒内干燥，并及时排除动物本身产生的污染粒子或 NH_3 等有害气体，有效保证笼盒内的微环境，同时有害粒子或有害气体也不会排到实验室内对实验人员产生影响；在生物安全方面，每个笼盒独立排风，均经过一道排风高效过滤器过滤，然后再根据需要排入实验室排风系统中，可有效避免环境污染风险和实验室人员污染风险，生物安全是隔离设备安全使用的前提，也是首先要考虑的问题，经过验证的 IVC 隔离笼具可最大限度保证实验室生物安全；消毒方面，可单独对各个笼盒进行消毒灭菌，程序简单，便于操作；在能耗方面，IVC 系统风量小，只需配备小功率风机即可满足风量和压差要求，系统能耗很小，一般一套 IVC 设备耗电 100W 左右，此外，为了避免突然断电引起的风险，IVC 系统一般配备 UPS 不间断备用电源，即使在停电等紧急情况下，IVC 系统仍可继续正常运行，保障实验动物的饲养微环境以及生物安全；在系统适应性方面，IVC 系统和实验室送、排风系统相比排风量很小，对实验室系统影响很小，开关机对核心实验间的压力几乎没有影响，将 IVC 系统排风接入实验室排风系统也不会对实验室系统产生影响；在占用实验室空间方面，由于生物安全实验室单位面积投资都很大，有效操作空间就是核心实验室，所以核心实验室的空间利用率很重要，IVC 系统比较紧凑，每个主机可根据需要接 1 组或 2 组笼具，占用实验室空间较小，而且可以小范围移动，使用很方便。总之，IVC 隔离笼具具有众多优势，目前已在各类型实验室，特别是生物安全实验室中大量使用。

2.2　标准概况

2.2.1　国外相关标准

1958 年，Dr. Lisbeth Kraft 为防止病毒扩散，制作了一个金属圆筒，用金属片作封上下底，金属丝缠绕成侧壁且外面包裹着一层玻璃纤维作为过滤介质，在圆筒里饲养老鼠，这就是 IVC 系统的雏形。20 世纪 60 年代，这种过滤系统进一步发展为鞋盒形状，不过仍以玻璃纤维作为过滤介质。1980 年，Robert Sedlacek 发明了更实用的高效滤材取代了玻璃纤维。为进一步提高隔离笼内空气质量，通过进风排风管为笼内通入新鲜的空气，隔离笼内的微环境得到了充分改善。此后，能够通入新鲜空气进行换气的笼盒进入了商业化生产时代。20 世纪 80 年代，意大利的公司开始研制和设计 IVC 隔离设备，是国外较早研发和生产 IVC 设备的厂家。在 20 世纪 90 年代，IVC 的隔离及保护性能被大量感染性实验证实，IVC 系统得到了广泛认可，产品得到推广普及。IVC 笼盒经过十多年的使用、研究和不断改进，特别是在材料、净化、微电子等现代技术的带动下，成为高效节能、更适合动物福利和小型啮齿类实验动物质量要求的饲养设备。目前，约 10%～20%的欧洲实验室使用 IVC 系统饲育免疫缺陷动物和转基因动物。

IVC 在国外已经有 30 多年的发展和使用的历史，目前已较成熟，国外的公司，如 Allentown、Techniplast、Ehret、AD 等均有相应的 IVC 隔离笼具产品，并且这些国外公司的产品在近几年已在我国销售，而且目前负压 IVC 隔离笼具已广泛应用于我国的高级别生物安全实验室。IVC 隔离笼具在国外发展时间较长，已经形成了较为完善的产业链和生产以及监管体系，其设计和生产均有可参照的完善的标准或指令体系，产品质量能得到有效地保障。表 2.2.1 列出了国外 IVC 隔离笼具制造或检测的相关规范或指令。

国外 IVC 隔离笼具制造或检测的相关规范或指令　　表 2.2.1

序号	标准号及名称	说　明
1	MACHINERY DIRECTIVE 2006/42/EC(机械指令)	指令;设备方面
2	LOW VOLTAGE DIRECTIVE 2006/95/EC(低电压指令)	指令;设备方面
3	ELECTROMAGNETIC COMPATIBILITY EQUIPMENT DIRECTIVE 2004/108/EC(电磁兼容设备指令)	指令;设备方面
4	Council Directive 90/219/EEC on the contained use of genetically modified micro-organisms(关于使用转基因微生物的理事会指令)	指令;动物饲养环境方面
5	Council Directive 98/81/EC amending Directive 90/219/EEC on the contained use of genetically modified micro-organisms(关于使用转基因微生物的修正指令)	指令;动物饲养环境方面
6	EN 12100-1 Safety of machinery: Basic concepts, general principles for design, Part 1: Basic terminology, methodology(机械安全:基本概念、一般设计原则　第 1 部分:基本术语、方法)	欧盟标准;设备方面
7	EN 12100-2 Safety of machinery: Basic concepts, general principles for design, Part 2: Technical principles(机械安全:基本概念、一般设计原则　第 2 部分:技术原理)	欧盟标准;设备方面
8	EN 3744 Acoustics: Determination of sound power levels of noise sources using sound pressure, Engineering method in an essentially free field over a reflecting plan(声学:用声压法、工程法确定反射面上基本自由场噪声源声功率级)	欧盟标准;噪声方面
9	EN 1822-1 High efficiency air filters (HEPA and ULPA) part 1: Classification, performance testing, mark(高效空气过滤器　第 1 部分:分级性能测试、标记)	欧盟标准;过滤器方面
10	EN 13091 Biotechnology: performance criteria for filter elements and filtration assembli(生物技术:过滤原件和过滤部件性能标准)	欧盟标准;过滤器方面
11	EN 14644-3 Cleanrooms and associated controlled environments - Part 3: Test methods(洁净室及相关受控环境　第 3 部分:测试方法)	欧盟标准;洁净环境方面
12	CE 2003/65 Protection of animals used for experimental and other scientific purpose(用于实验和其他科学用途的实验动物的保护)	指令;洁净环境方面

2.2.2　国内相关标准

由于IVC系统具有众多优点，立即引起我国实验动物界的高度关注，特别是2003年非典型性肺炎爆发以后，IVC开始受到国内实验动物界的注意，各实验动物研究单位纷纷开始采用IVC系统，如一些大学、疾控中心、动物疫控中心、科研院所等机构的高级别生物安全实验室都有使用IVC系统的案例。近几年生物安全越来越受到重视，IVC系统的国产化进程也在加速进行，国内有关企业已开发出具有自主知识产权的IVC系统并推向市场，如山东新华医疗器械股份有限公司、苏州市冯氏实验动物设备有限公司等。国外的IVC隔离笼具设计合理、制作精细，但价格往往相对昂贵，国内的IVC隔离笼具主要是参照国外比较成熟的IVC产品的各项技术参数制造，但存在忽视国内外实验动物饲养的使用环境和其他各项条件的不同的情况，在实际应用时遇到一些问题。如一些在国内的IVC隔离笼具经采购应用于高级别生物安全实验室中，但实际现场检测却发现有笼盒不密闭、负压达不到规范要求、无排风高效过滤器、笼盒气密性达不到要求等各种状况，这使得国产IVC产品在国内的推广使用受到了制约。

在相关标准规范方面，目前相应的IVC隔离笼具的国家产品标准还未制定，设备检测和验收标准也还不完善，使得国内IVC隔离笼具市场缺乏规范化，一定程度上影响了设备国产化的发展进程。但随着近几年国家对生物安全问题的不断重视，对生物安全研究领域投入的不断加大，生物安全隔离设备的规范也不断得到完善。在产品标准方面，虽然还未制定相应的国家产品标准，但前期已有江苏省的地方标准进行了一定的尝试，起到了很好的引导作用。在IVC隔离笼具产品检测验收方面，目前的规范或主要研究多集中于动物环境方面，而对隔离笼具的生物安全问题关注度较小，表2.2.2列出了一些主要的标准规范的情况。

国内相关标准　　表2.2.2

序号	标准号及名称	说　明
01	《实验动物环境及设施》GB 14925—2010E	动物环境
02	《实验动物　设施建筑技术规划》GB 50447—2008	动物环境
03	《实验室　生物安全通用要求》GB 19489—2008	实验室生物安全
04	《生物安全实验室建筑技术规范》GB 50346—2011	实验室生物安全
05	《WHO实验室生物安全手册》	实验室生物安全和操作程序
06	《实验室设备生物安全性能评价技术规范》RB/T199—2015	关键隔离设备的生物安全
07	江苏省地方标准《实验动物笼器具代谢笼》DB32/T 1215—2008	地方产品标准
08	江苏省地方标准《实验动物笼器具独立通气笼盒（IVC）系统》DB32/T 972—2006	地方产品标准
09	江苏省地方标准《实验动物笼器具塑料笼箱》DB32/T 967—2006	地方产品标准
10	江苏省地方标准《实验动物笼器具笼架》DB32/T 969—2006	地方产品标准
11	江苏省地方标准《实验动物笼器具层流架》DB32/T 970—2006	地方产品标准
12	江苏省地方标准《实验动物笼器具饮水瓶》DB32/T 971—2006	地方产品标准
13	江苏省地方标准《实验动物笼器具隔离器》DB32/T 1216—2008	地方产品标准

2.3　IVC隔离笼具的性能指标及相关标准

IVC隔离笼具是一种动物饲养设备，同时也是一种局部净化设备，其既可为饲养动物提供一定洁净度且低氨气和二氧化碳水平的微环境，同时兼顾保护实验室操作人员和室外大气环境不受污染。因此，IVC 隔离笼具的性能指标也主要集中在动物环境要求和设备本身的生物安全两个方面。

在动物环境指标要求方面，旨在为饲养动物（如小鼠或兔等）提供干净舒适的生存环境，这也是动物实验成功的前提。目前我国尚无 IVC 隔离笼具的产品标准，但 IVC 设备笼盒也是一种动物饲养环境，可参照标准《实验动物环境及设施》GB 14925—2010 与《实验动物设施建筑技术规范》GB 50447—2008 的相关要求。具体的环境指标包括：温度、最大日温差、相对湿度、最小换气次数、动物笼具处气流速度、饲养区域与相邻区域的最小静压差、空气洁净度、沉降菌、氨浓度、噪声、照度（最低照度和动物照度）、昼夜明暗交替时间、实验动物最小饲养空间等。

在生物安全指标方面，重点在于保护实验室操作人员及室外环境的生物安全，兼顾动物饲养环境，可参照《实验室　生物安全通用要求》GB 19489—2008、《生物安全实验室建筑技术规范》GB 50346—2011、《实验室设备生物安全性能评价技术规范》RB/T 199—2015 等标准规范的相关要求。具体的指标包括：笼盒气流速度、压差、换气次数、笼盒气密性、送风高效过滤器检漏、排风高效过滤器检漏等。

一台合格的 IVC 隔离笼具其环境指标和生物安全指标均应符合相关标准规范的要求。

2.4 IVC 隔离笼具现场检测情况分析及风险评估

近年来随着重大疫情和突发性公共事件的频繁出现，新发传染病在全球范围内呈现扩散趋势。生物安全问题日益严峻，生物安全也越来越引起重视，特别是“非典”疫情以后，一批高级别生物安全实验室相继建立。高级别生物安全实验室不同于低级别实验室的一个明显特点就是其会用到大量的隔离设备，而隔离设备作为实验室重要的防护屏障，其本身的生物安全防护性能是需要关注的关键问题之一。IVC 隔离笼具作为一种重要的实验室实验动物饲养笼具，其生物安全性能的验证也同样是重中之重，相关生物安全实验室规范 GB 19489—2008 及 GB 50346—2011 中对隔离设备均提出了一定要求，此外《实验室设备生物安全性能评价技术规范》RB/T 199—2015 则更为具体，其重点即是高级别生物安全实验室中关键防护设备的生物安全验证。

笔者调研了中国建筑科学研究院净化空调技术中心在 2011 年至 2016 年部分高级别生物安全实验室中近 40 台 IVC 隔离笼具现场检测数据，并分别对设备的品牌、重要性能参数的测试结果进行了统计，以期对国内高级别生物安全实验室中所使用的 IVC 隔离笼具的情况有一个总体的了解，并分析其在现场检测或使用过程中可能存在的生物安全问题。

2.4.1 IVC 隔离笼具现场检测检测情况与风险评估

1. IVC 隔离笼具品牌分布

图 2.4.1-1 所示为 2011～2016 年部分高级别生物安全实验室中所测 IVC 隔离笼具品牌分布情况。

目前从现场检测情况来看，IVC 隔离笼具的品牌种类并不多，从图 2.4.1-1 中可以看到，大部分所测实验室中选用的 IVC 隔离笼具为国外品牌，国外的 IVC 隔离笼具经过近

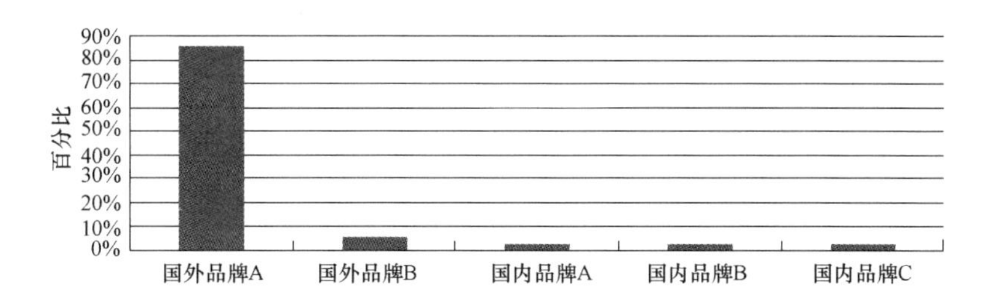

图 2.4.1-1　2011～2016 年部分高级别生物安全实验室中 IVC 隔离笼具品牌分布情况

30 年的发展，已经形成了比较成熟的产品和品牌。近几年国家对生物安全逐渐重视，高级别生物安全实验室对关键防护设备的需求逐渐加大，更多的国外品牌开始陆续登陆中国市场。国内的 IVC 隔离设备虽然发展了十几年，但应用于高级别生物安全实验室的设备近几年才出现，而且主要参考国外较成熟的 IVC 设备，并且在实际检测过程中还存在一些问题。

2. IVC 隔离笼具换气次数

IVC 隔离笼具换气次数是维持其内部饲养环境的重要保障，合理的换气次数既能保证小鼠等饲养动物低 NH_3 和 CO_2 水平及低污染颗粒水平的微环境，也能保证饲养环境的干燥，又能低噪声节能运行。所以换气次数是保障动物饲养环境的重要性能指标。图 2.4.1-2 所示为 2011～2016 年部分高级别生物安全实验室中所测 IVC 隔离笼具换气次数情况。

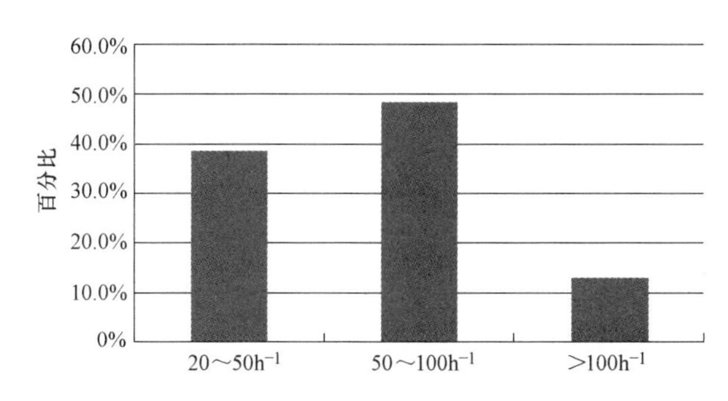

图 2.4.1-2　2011～2016 年部分高级别生物安全实验室中 IVC 隔离笼具换气次数

目前从现场检测情况来看，IVC 隔离笼具的换气次数变动范围较大，从 20h^{-1} 到 100h^{-1}以上，即使相同品牌，同种型号的 IVC 在不同实验室中的换气次数变动范围也很大，这主要是因为不同实验室调试情况不同，且 IVC 风机一般均为变频，不同实验室设置的 IVC 运行频率不同，导致测试时换气次数相差较大。在现场检测中很少有出现换气次数不足的情况，这主要是因为 IVC 隔离笼具总的净容积不大，所配风机能满足风量要求，且一般的 IVC 设备风机均为变频调节，现场检测时可以通过设置风机频率达到换气次数要求。

此外，从图 2.4.1-2 中可以看到个别实验室的 IVC 隔离笼具的换气次数超过了 100h^{-1}，换气次数偏大，但从现场检测情况来看，测试笼盒内风速不超过 0.2m/s，即笼盒内风速不超标，但过高的换气次数会导致运行噪声较大，同时也更耗能。

3. IVC隔离笼具静压差

笼盒和实验室环境静压差是IVC隔离笼具重要的生物安全保障，合理的负压设置可有效防止饲养动物产生的危险生物气溶胶扩散到实验环境中危害实验操作人员，同时负压也是隔离环境除围护结构外的另一重要的防护屏障。在各标准中对静压差均有相应的要求。

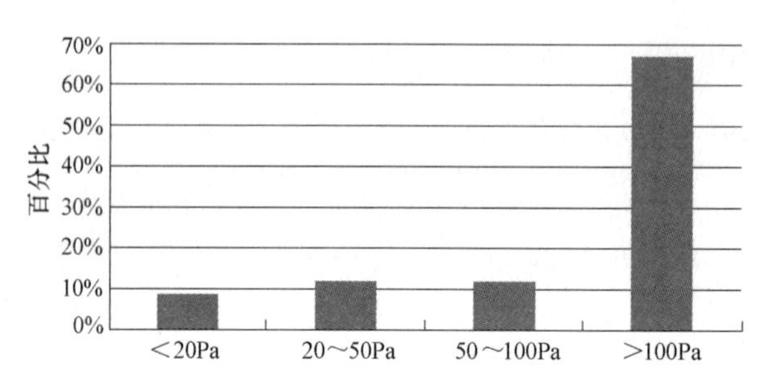

图2.4.1-3 IVC隔离笼具静压差

从图2.4.1-3中可以看到，所测的IVC隔离笼具中有个别运行负压差低于20Pa的，达不到相关标准的要求，实测时这种IVC隔离笼具的负压差往往不到10Pa，这种设备在生物安全实验室中运行存在危险生物气溶胶泄漏的风险。这种情况的发生也部分归因于实验室人员在采购设备时不了解相关规范要求，采购了不适用于高级别生物安全实验室中使用的IVC隔离笼具，并且压差不足的情况在进口设备和国产设备中都有出现。另一方面，实测过程中负压差超过100Pa的占大部分，这主要归因于笼盒气密性较好，但长期采用大的负压工况运行是否对饲养动物产生影响值得探讨。此外，负压差在20～50Pa及50～100Pa的情况基本相当，这和现有的相关标准要求是一致的。

4. IVC隔离笼具笼盒的气密性

IVC隔离笼具的笼盒是隔离笼具的围护结构，是笼具最关键的防护屏障之一，而笼盒的严密性是其实现防护性能的重要保障，可有效避免危险生物气溶胶外逸，良好的笼盒气密性不仅可以保证设备正常运行时的防护性能，同时也能在一定程度上保证在设备出现紧急状况下，送、排风不能正常运行以维持笼具内负压梯度时防止气溶胶通过笼盒间隙外逸的风险，故笼盒气密性是IVC隔离笼具的重要生物安全性能指标之一。

在《实验室设备生物安全性能评价技术规范》RB/T 199—2015（以下简称RB/T 199—2015）实施以前，笼盒气密性现场检测验收采用的是《实验室生物安全认可准则对关键防护设施评价的应用说明》CNAS-CL53：2014（以下简称CNAS-CL53）中要求的－100Pa初始压力15min压力衰减的测试标准，而新实施的RB/T 199—2015中要求－100Pa初始压力5min压力衰减的测试标准，故在汇总数据中分别统计了笼盒15min压力衰减及5min压力衰减测试结果，见图2.4.1-4。

从图2.4.1-4中可以看到，有个别笼盒气密性达不到相应标准的要求，实测过程发现，这种情况在新IVC设备和使用后的IVC设备中均有出现，存在一定风险，也说明IVC隔离笼具在使用前或使用一段时间后进行现场验证的必要性。CNAS-CL53要求的15min压力衰减测试更为严格，不合格比例相对5min压力衰减测试偏高，从标准修订情况来看，为适应当前现状，笼盒气密性验收标准略有放宽。此外，从图2.4.1-4中也可以

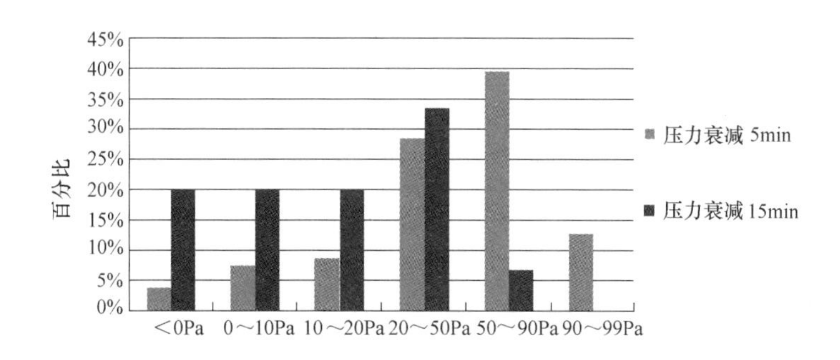

图 2.4.1-4 IVC 隔离笼具笼盒气密性测试结果

注：5min 和 15min 百分比为分别占所测总的笼盒百分比。

看到，大部分笼盒气密性良好，均能达到现有标准的要求，个别笼盒测试过程压差几乎不降，也说明目前国内实验室采用的 IVC 隔离笼具笼盒气密性较好，尤其是一些国外产品，气密性很好，符合生物安全的要求。

但实际检测过程中发现个别产品设计时由于饮水瓶和笼盒接触处存在缝隙，笼盒并不是气密性结构，这种产品是不适合使用在高级别生物安全实验室中的。此外，非气密性的设计也导致 IVC 隔离笼具在运行时很难达到一定的负压值，导致其静压差也不满足要求，所以笼盒气密性是需要关注的生物安全风险关键控制节点之一。

5. IVC 隔离笼具送、排风高效过滤器检漏

排风高效过滤器作为 IVC 隔离笼具最重要的防护屏障之一，是防止危险生物气溶胶排放至大气或实验室中的最有效的防护手段。但由于高效过滤器本身材料的特性，其在运输、安装等过程中极易受到损坏，同时，长期动力通风及频繁消毒也容易导致高效过滤器发生泄漏。因此，我国标准《生物安全实验室建筑技术规范》GB 50346—2011 要求必须对三级和四级生物安全实验室内使用的隔离设备的排风高效过滤器进行原位检漏；而送风高效过滤器是生物安全柜内部洁净度的重要保障。目前高级别生物安全实验室内使用的 IVC 隔离笼具大多为进口设备，依据的标准也是国外标准，和国内标准有一定差异，如国内标准中明确要求隔离设备送、排风高效过滤器均需现场验证其完整性，但多数进口设备并未在送、排风高效过滤器上下游预留合理的气溶胶采样口，这为现场验证带来了一定的困难。图 2.4.1-5 统计了高级别生物安全实验室中的 IVC 隔离笼具送、排风高效过滤器现场检漏的方法。

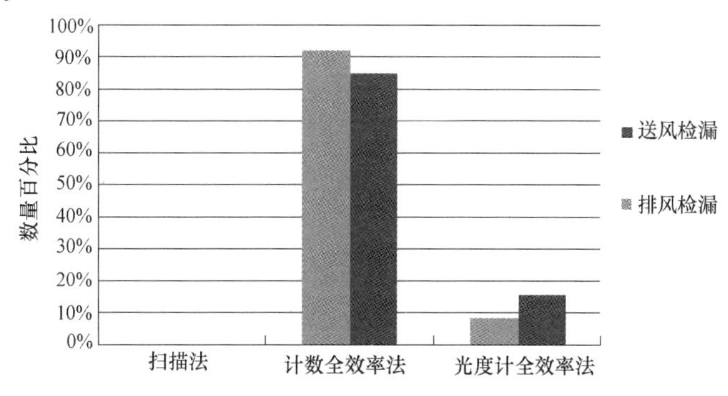

图 2.4.1-5 IVC 隔离笼具送、排风高效过滤器检漏情况

从图2.4.1-5中可以看到，无论是送风高效过滤器还是排风高效过滤器在现场检漏时均未采用扫描法检漏，这是因为现有的设备均没有原位扫描检漏的条件，即使从相关文献中可以看到个别设备进行了排风高效过滤装置的改造，研制了可以进行扫描法检漏的过滤单元，但在实际检测中很少发现，这主要是因为现有的进口设备均不支持扫描法检漏，如果进行过滤装置的改造，费用又相对昂贵，也很难找到相关厂家。此外，虽然有一些国产化设备，但其主要借鉴国外相关设备，在制造或研发初始就未考虑到高效过滤器现场原位检漏的要求，所以生产出来的设备同样不能进行扫描法检漏。虽然全效率法检漏也是标准给出的检漏方法之一，但根据研究，其检漏精度要远低于扫描法检漏。在实际检测过程中有个别送、排风高效过滤器是采用光度计法进行的，因为现有设备排风高效过滤器后面紧挨着排风机，产尘会对计数法产生影响，而根据相关研究，IVC风机产尘对光度计法影响很小，可以采用光度计法在风机后进行下游气溶胶采样，这给现场检测带来一定便利。

2.4.2 IVC隔离笼具现场检测方法及评价标准与风险评估

目前尚无IVC隔离笼具的国家产品标准，但其作为一种动物饲养隔离设备，可以参照相关标准的要求，表2.4.2列出了不同标准对隔离环境或隔离设备的主要参数的要求。但各标准的侧重点并不相同，GB 14925—2010和GB 50447—2008主要侧重于动物饲养环境及其设施，标准中给出的指标多为动物饲养环境指标，对生物安全问题则关注不多；GB 19489—2008和GB 50346—2011重点针对生物安全实验室，对隔离设备具体要求相对较少；RB/T 199—2015重点针对高级别生物安全实验室的关键防护设备的生物防护性能，是目前唯一可以参照的针对防护设备本身的国家标准；DB32/T 972—2006和DB32/T 1216—2008是江苏省地方产品标准，重点针对相关产品及其性能，其也是目前唯一的相关产品标准，起到了一定的引导作用，但其参照GB 14925—2010和GB 50447—2008，重点关注的也是动物饲养环境指标，对生物安全指标侧重不多，且对一些关键问题并没有涉及，如笼盒气密性或隔离笼具气密性、高效过滤器检漏测试等。

不同标准对各主要性能参数的要求　　表2.4.2

标准号及名称	换气次数	洁净度	气流速度	静压差	笼盒气密性
《实验动物环境及设施》GB 14925—2010	$\geqslant 20h^{-1}$	5级/7级	$\leqslant$0.2m/s	$\geqslant$50Pa	—
《实验动物设施建筑技术规划》GB 50447—2008	$\geqslant 20h^{-1}$	5级/7级	$\leqslant$0.2m/s	$\geqslant$50Pa	—
《生物安全实验室建筑技术规范》GB 50346—2011	不低于设计要求	5级	—	不低于设计值	—
《实验室设备生物安全性能评价技术规范》RB/T 199—2015	$\geqslant 20h^{-1}$	—	$\leqslant$0.2m/s	$\geqslant$20Pa	−100Pa衰减至0Pa，不少于5min
《实验室生物安全通用要求》GB 19489—2008	—	—	—	—	—
《实验动物笼器具独立通气笼盒(IVC)系统》DB32/T 972—2006	$\geqslant 10h^{-1}$	7级	$\leqslant$0.1m/s	$\geqslant$10Pa	
《实验动物笼器具隔离器》DB32/T 1216—2008	$\geqslant 20h^{-1}$	送风口5级，其他区域5～7级	$\leqslant$0.2m/s	$\geqslant$50Pa	

1. IVC隔离笼具的换气次数

IVC隔离笼具的换气次数是动物环境的重要性能指标之一，相关标准中都有相应要求，从表2.4.1中可以看出，各标准对动物隔离环境换气次数的要求基本一致。但动物环境方面标准以及生物安全实验室方面标准并未针对IVC隔离笼具或其他类型隔离笼具给出换气次数的具体测试方法，DB32/T 972—2006和DB32/T 1216—2008中给出了简单的换气次数测试方法，RB/T 199—2015中给出了采用风速仪测试的风速风量法，但相应标准在IVC隔离笼具换气次数测试方面都没有标准的操作程序，如在小截面（圆管或矩形管）管道上如何设置测点等。

此外，现有相关标准在换气次数要求方面均只要求测试平均换气次数，但这存在一个问题，IVC隔离笼具不同于一般隔离笼具，其笼盒较多，达几十到上百个，不同位置的笼盒其管路的阻力也不同，由于IVC设备产品质量的不同，可能出现某些位置的笼盒风量分配严重不均的情况，如果严重可能导致个别笼盒饲养环境恶化，甚至缺氧，影响饲养动物生存。目前在IVC隔离笼具笼盒气流均匀性方面的研究尚不足，不能了解不同笼盒换气次数的不均匀度，其对饲养动物的影响程度也不知，需要进一步评估这种问题或影响。如果有这种问题存在，建议在现场检测时不仅要测试整体换气次数，也要测试最不利管路上若干代表性笼盒的换气次数。

2. IVC隔离笼具洁净度

IVC隔离笼具洁净度是动物环境的重要体现，也是重要的动物环境指标，目前各标准的要求略有不同，新修订的RB/T 199—2015中甚至不再给出洁净度的要求，因为其重点在于隔离设备的生物安全指标，而洁净度并不是生物安全指标。在实测情况下，绝大部分IVC隔离笼具在静态验收时，开机运行一段时间后，测试笼盒内洁净度均能达到静态百级，洁净度可以体现IVC隔离笼具提供洁净饲养环境的能力，但一旦饲养动物后，再监测笼盒内洁净度就没有意义了，因为饲养动物无时无刻不在产尘，笼盒内是很难达到一定洁净级别的。

3. IVC隔离笼具气流流速

气流速度也是一项饲养环境指标，风速的大小一定程度上会影响饲养动物的舒适性，目前除DB32/T972-2006中要求风速上限值为0.1m/s外，其余标准上限值均为0.2m/s。但是在实际检测中发现，IVC笼盒内气流速度很少有高于0.02m/s的情况，大部分甚至低于0.01m/s，即实测值远低于标准中要求的上限值，这样存在一个问题，即各标准中规定的风速上限值是否合理。此外，实测过程中如此低的风速是否会影响饲养动物的舒适性也是一个值得探讨的问题。

4. IVC隔离笼具静压差

DB32/T 972—2006中要求静压差不小于10Pa，实际上在此标准中并未区分正压IVC隔离笼具和负压IVC隔离笼具。GB 14925—2010、GB 50447—2008以及DB32/T 1216—2008中均要求隔离环境与相邻区域负压差不低于50Pa，而RB/T 199—2015中要求IVC隔离笼具笼盒负压差不低于20Pa，但其对其他隔离器的要求为：非气密性隔离器正常运行时，笼具内应有不低于房间20Pa的负压；手套箱型隔离设备正常运行时，笼具内应有不低于房间50Pa的负压。从实际测试情况来看，大部分IVC隔离笼具由于整体运行风量小，笼盒气密性良好，其正常运行负压差均可达到100Pa左右，满足各标准的要求。

5. IVC 隔离笼具笼盒气密性

IVC 隔离笼具的笼盒是隔离笼具的围护结构，是笼具最关键的防护屏障之一，而笼盒严密性是其实现防护性能的重要保障，可有效避免危险生物气溶胶外逸。对于笼盒气密性，有观点认为 IVC 隔离笼具正常运行时已经有负压要求，危险生物气溶胶不会逸出，但其忽略了气密性测试的风险控制点，一般在 IVC 隔离笼具正常运行时，由于其保持对外负压状态，危险生物气溶胶不存在外逸的风险，但是一旦 IVC 隔离笼具非正常运行，或出现故障停止运行，不能靠送、排风维持正常的负压状态，此时如果笼盒气密性不好，则存在危险生物气溶胶外逸的可能。另一方面，IVC 隔离笼具仅是一个动物饲养笼具，不能进行动物实验，在需要进行动物实验时，需要将笼盒取出送到换笼工作站，在从笼架移到换笼工作站时，笼盒也不是处于正常的压差状态，良好的气密性设计可以保证笼盒在取下一段时间内仍然保持内部负压，可有效防止危险生物气溶胶外逸。此外，笼盒非气密性性设计往往导致 IVC 隔离笼具在运行时不能达到一定负压状态，其内外静压差值也不符合标准要求。综上来看，笼盒气密性是一个关键的生物安全性能指标。

标准 ISO 10648-2：1994 对硬质隔离器的严密性进行了等级划分，共划定了 4 个等级，1 级最高，4 级最低。目前隔离器箱体严密性指标可采用 ISO 10648-2：1994 中的 2 级密封箱室（长期从事含有有害气体的防护箱室）的期间检验指标，即箱体内压力低于周边环境压力 250Pa 下的小时泄漏率不大于净容积的 0.25%。根据 2 级密封等级，按 ISO 10648-2：1994 的要求应采用压力衰减法进行测试。在 RB/T 199—2015 中对手套型隔离器箱体的严密性即按此标准要求。但 2014 年颁布的 CNAS-CL53 和 2015 年颁布的 RB/T 199-2015 中采用了相同的气密性测试方法，即将笼盒抽真空至－100Pa，然后让其压力自然衰减，前者要求衰减至 0Pa 不少于 15min，后者则要求衰减至 0Pa 不少于 5min。此外，应从笼架上随机抽取不少于总笼盒数量 10%的笼盒进行气密性测试。可以看出新修订的 RB/T 199—2015 将气密性标准适当放宽。

此种测试方法来源于压力衰减法，但其要求放宽，不再监测周围环境温度以及大气压的变化，也不对始末的压力值进行计算衰减率，这里称为压力自然衰减法，其操作性更好，便于现场检测的进行，尤其利于现场抽测多个笼盒的情况。

实际上此种测试方法也比较贴近实际的风险控制，一般气密性较好的 IVC 隔离笼具其运行压差可接近－100Pa，在需要取下笼盒移到换笼工作站时，可以认为笼盒初始负压值为 100Pa，在移到换笼工作站期间压力自然衰减，只要此期间压力不衰减到 0Pa 则可以认为危险生物气溶胶不会外逸，而 5min 则主要考虑换笼的操作时间，采用此测试方法比较接近实际操作程序，且验证相对简单。但是此方法测试仍存在一定问题，测试过程并不记录外界温度和大气压的变化，但外界变化对盒体内压力影响很大，温度波动 1℃压力波动约为 350Pa，而 IVC 笼盒初始测试压力仅为－100Pa，所以要想得到可靠的气密性测试结果要保证在测试期间笼盒内温度波动很小，新修订的 RB/T 199—2015 测试时间调整为 5min，一方面更接近换笼的实际时间，另一方面可进一步避免测试环境温度波动的影响。

总之，风险控制要以安全为目标，但也要兼顾可操作性，IVC 隔离笼具由于其本身的特殊性，笼盒众多，现场需要抽测多个笼盒进行气密性测试，需要选择合理的气密性测试方法。

6. IVC 隔离笼具送、排风高效检漏

排风高效过滤器作为 IVC 隔离笼具最重要的防护屏障之一，是防止危险生物气溶胶排放至大气或实验室中最有效的防护手段，在各生物安全标准中也都是必检项目。而送风高效过滤器是动物饲养环境洁净度的重要保障。目前在高效过滤器检漏方面，各标准都有相关规定，相关测试方法和评价标准也都比较完善，但具体到 IVC 隔离笼具本身，由于其设备本身的特性，就会有各种问题，各标准中均没有提供具体的解决措施，却又都要求对隔离设备高效过滤器进行现场验证，这给现场验收带来了困难，且由于现场条件限制，不能完全按标准测试方法流程进行，给测试结果也带来了不确定性，存在一定风险。

在送风高效过滤器检漏测试方法方面，根据统计送风高效过滤器一般用计数器全效率法进行测试。根据研究，全效率法本身检漏精度要远低于扫描法，而标准的全效率法首先要求上下游的气溶胶采样点均通过气溶胶均匀性验证，但由于设备本身条件限制，很难进行均匀性验证，或者可用的采样点处气溶胶就是不均匀，但并没有别的采样点可选择。图 2.4.2-1 所示为某 IVC 送风高效过滤器下游气溶胶采样点情况，由于设备本身未预留下游采样点，只能通过软接处插入计数器采样管，且由于排风形成的负压使下游浓度很大，往往需要把测试管伸到里面以避免背景浓度过大，很可能插到过滤器下游弯头处且贴管壁，下游均匀性难以保证，全效率法测试结果的准确性也很难保证，现场检漏的可靠性进一步降低，基于现场限制条件得出的验证结论也存在一定的不可控风险。

图 2.4.2-1　送风高效下游测试情况

排风高效过滤器现场检漏测试方法方面，根据统计其也一般用计数器全效率法进行测试，但现场条件一般是排风高效过滤器和排风机封装在主机中，空间较小，排风机一般紧挨着排风过滤器下游，而排风机产尘对全效率法检漏下游取样会产生影响。图 2.4.2-2 所示为某品牌 IVC 隔离笼具排风高效过滤器下游的情况。根据现场检测情况，直接在排风口取样是没办法采用计数法测试的，因为下游风机产尘导致背景浓度过大，超出了计数法对背景浓度的限值，现场采用计数法测试往往是将下游采样管伸入排风机和排风高效过滤器之间的软接，但这种方式也存在下游气溶胶均匀性的问题，导致测试结果存在不确定性，存在不可控的风险。根据研究，采用光度计在风机后进行采样，可避免风机产尘的影响，且下游管段加长，气溶胶更容易混合均匀，全效率测试结果更为可靠。此外，IVC 隔离笼具排风高效过滤器下游未预留采样点，需要现场检测人员进行拆卸插管，有一定风险。

图 2.4.2-2　左：被测排风高效过滤器；右：高效过滤器下游情况

但根据研究，全效率法本身的测试精度要远低于扫描法检漏，所以各标准也推荐扫描法原位检漏，目前有报道进行 IVC 隔离笼具排风高效过滤装置扫描法改造的案例，但对原有设备进行大的改动，需要大量资金和技术，现有条件下的改造会比较困难。

2.5　小结

IVC 是一种动物隔离设备，其不仅提供符合要求的动物饲养环境，作为高级别生物安全实验室内的关键防护设备也必须具备一定的生物安全防护性能。所以其性能指标方面也主要分为两类，即动物环境指标和生物安全指标。

随着近几年生物安全问题得到广泛关注，我国的生物安全意识也不断加强，生物安全方面的标准规范也逐步制定或修订，虽然目前尚没有 IVC 隔离笼具的国家产品标准，但可以借鉴的相关动物环境标准和生物安全标准正在日益完善，对促进设备标准化进程起到重要的促进作用。但从实际情况来看，现有的标准规范仍存在一定的不足，无论是测试方法和评价指标方面仍需要针对 IVC 隔离笼具更加具体化、可操作化，相应的设备标准也仍需要制定，以促进设备的研发、设计及生产正常发展。

近几年，多个国外产品陆续登陆我国，国产的相应 IVC 隔离笼具产品也逐渐出现，但目前仍处于借鉴国外产品的阶段，自主创新水平仍显不足，单纯地参考国外产品而忽视现有的国家标准要求的情况还很多，导致开发的产品不能很好地适应我国标准体系要求，采购的进口产品也因不了解其具体使用条件而直接应用于高级别生物安全实验室中造成生物安全风险。国产设备的发展需要不断地创新，在吸收进口产品的优点之外，也要适应我国的相关标准。

从实际的检测情况来看，仍有一些高级别生物安全实验室内的 IVC 隔离笼具的关键生物安全指标是不符合要求的，对于隔离设备，生物安全防护性能指标是一个关键的风险控制节点，无论对于实验室还是现场检测验收而言都应该足够重视，而产生风险的主要有三点：首先是关键防护性能指标测试不合格，不符合现有标准的要求导致的生物安全风险；再者由于现场条件限制，导致部分性能指标不能完全进行标准化测试，测试结果本身具有一定不确定性，也存在一定的风险；最后，现有标准的指标或测试方法都有一些值得探讨的地方，其要求是否能完全满足生物安全需求或动物饲养环境需求仍是需要关注的课题之一。

本章参考文献

[1] Krohn TC. Method developments and assessments of animal welfare in IVC-systems [M]. DSR Grafik，2002.

[2] Corning BF，Lipman NS. A comparison of rodent caging systems based onmicroenvironmental parameters [J]. Lab Animal Sci，1991，41：498-503.

[3] Lipman NS，Corning BF，Saifuddin M. Evaluation of isolator caging systems forprotection of mice against challenge with mouse hepatitis virus [J]. Lab Animals，1993，27：134-140.

[4] Hoglund AU，Renstrom A. Evaluation of individually ventilated cage systems forlaboratory rodents：cage environment and animal health aspects [J]. Lab Animals，2001，35 (1)：51-57.

[5] 战大伟，江其辉，仇志华等．独立通风笼（IVC）在实验动物中的应 [J]. 中国比较医学杂志，2006，16 (10)：631～634.

[6] MACHINERY DIRECTIVE 2006/42/EC.

[7] LOW VOLTAGE DIRECTIVE 2006/95/EC.

[8] ELECTROMAGNETICCOMPATIBILITY EQUIPMENT DIRECTIVE 2004/108/EC.

[9] Council Directive 90/219/EEC on the contained use of genetically modified micro-organisms.

[10] Council Directive 98/81/EC amending Directive 90/219/EEC on the contained use of genetically modified micro-organisms.

[11] Council Directive 98/81/EC amending Directive 90/219/EEC on the contained use of genetically modified micro-organisms.

[12] Safety of machinery：Basic concepts，general principles for design，Part 1：Basic terminology，methodology. EN 12100-1.

[13] Safety of machinery：Basic concepts，general principles for design，Part 2：Technical principles. EN 12100-2.

[14] Acoustics：Determination of sound power levels of noise sources using sound pressure，Engineering method in an essentially free field over a reflecting plan. EN 3744.

[15] High efficiency air filters (HEPA and ULPA) part 1：Classification，performance testing，mark. EN 1822-1.

[16] Biotechnology：performance criteria for filter elements and filtration assembli. EN 13091.

[17] Cleanrooms and associated controlled environments - Part 3：Test methods. EN 14644-3.

[18] Protection of animals used for experimental and other scientific purpose. CE 2003/65.

[19] 全国实验动物标准化技术委员会. 实验动物环境及设施 GB 14925—2010 [S] 北京：中国标准出版社，2011.

[20] 中国建筑科学研究院. 实验动物设施建筑技术规划 GB 50447—2008 [S] 北京：中国建筑工业出版社，2008.

[21] 中国合格评定国家认可中心. 实验室生物安全通用要求 GB 19489—2008 [S] 北京：中国标准出版社，2008.

[22] 中国建筑科学研究院. 生物安全实验室建筑技术规范 GB 50346—2011 [S]. 北京：中国建筑工业出版社，2011.

[23] 世界卫生组织. 实验室生物安全手册（第三版）. 日内瓦：世界卫生组织，2004.

[24] 国家认证认可监督管理委员会. 实验室设备生物安全性能评价技术规范 RB/T 199—2015 [S]. 北京：中国标准出版社，2016.

[25] 江苏省地方标准《实验动物笼器具代谢笼》DB32/T 1215—2008.

[26] 江苏省地方标准《实验动物笼器具独立通气笼盒（IVC）系统》DB32/T 972—2006.

[27] 江苏省地方标准《实验动物笼器具塑料笼箱》DB32/T 967—2006.

[28] 江苏省地方标准《实验动物笼器具笼架》DB32/T 969—2006.

[29] 江苏省地方标准《实验动物笼器具层流架》DB32/T 970—2006.

[30] 江苏省地方标准《实验动物笼器具饮水瓶》DB32/T 971—2006.
[31] 江苏省地方标准《实验动物笼器具隔离器》DB32/T 1216—2008.
[32] 《洁净室施工及验收规范》GB 50591—2010 [S].
[33] 张宗兴，祁建成，吕京等．实验动物隔离器现场评价方法研究 [J]．中国卫生工程学，2015，02，14：1
[34] 曹冠朋，冯昕，路宾．高效空气过滤器现场检漏方法测试精度比较研究 [J]．建筑科学，2015，（06）：145-151.
[35] 曹冠朋．生物安全实验室隔离装备排风高效现场检漏方法研究 [D]．北京：中国建筑科学研究院，2015.

第 3 章　手套箱式隔离器

3.1　手套箱式隔离器的结构及分类

3.1.1　结构及原理

手套箱式动物隔离器作为一种生物安全一级隔离屏障，目前被广泛应用于高级别生物安全实验室领域，主要从事携有或感染了高致病性病原微生物的实验动物（小型动物：小鼠、大鼠等以及中型动物鸡、猴等）的饲养和实验。其工作原理主要是通过进风处的动力源将外界空气经高效空气过滤器（High-Efficiency Particulate Air Filter，HEPA）过滤后送入隔离器内（也可利用腔体内产生的负压将过滤后的空气吸入），以保证腔体内的洁净环境。同时，通过动力源向外抽吸，将隔离器内经过高效空气过滤器过滤后的空气排放到外环境中，使隔离器腔体与外环境之间保持负压状态。该类设备在使用过程中能够在有效保护实验动物活动所需环境的同时实现动物与外界环境的隔离，避免操作人员暴露于实验操作过程中动物产生的生物气溶胶和溅出物，同时可以有效防止病原微生物向外界环境的泄漏。工作原理及设备外观示意如图 3.1.1-1 及图 3.1.1-2 所示。

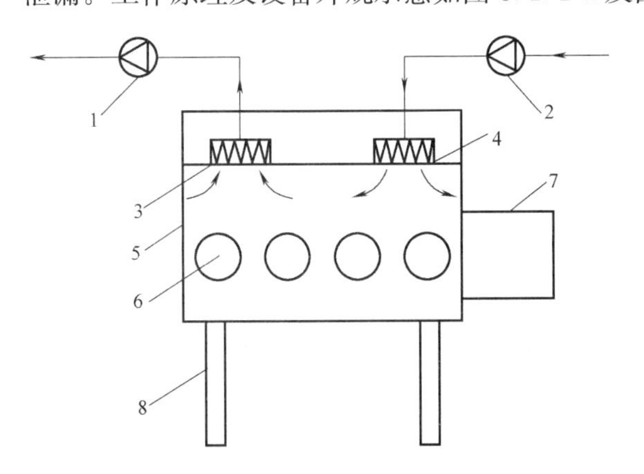

图 3.1.1-1　手套箱式隔离器工作原理

1—排风动力源；2—送风动力源（部分品牌未加装）；3—排风高效过滤器；4—送风高效过滤器；5—隔离器箱体；6—手套；7—传递窗（桶）；8—设备支架

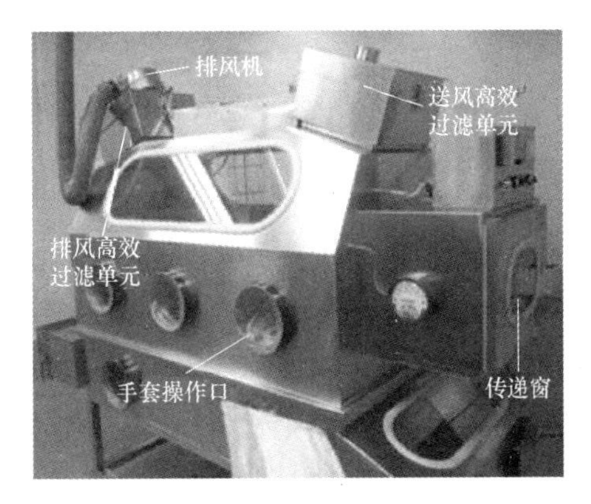

图 3.1.1-2　手套箱式隔离器设备外观

3.1.2　分类及品牌

实验动物隔离器的分类有很多种，根据压力可分为正压隔离器和负压隔离器。正压隔离器是指隔离器内压力高于外部大气压力，多用于清洁动物饲养（ 防止外部环境感染内部环境）；负压隔离器则指隔离器内压力低于外部大气压力，多用于感染动物试验（ 防止内部环境有害物质污染外部环境），生物安全实验室主要使用负压隔离器。根据负压隔离器的生物安全防护性能，又可分成非气密式隔离器和气密式隔离器。手套箱式动物隔离设备属于气密式隔离设备，作为一种生物安全一级隔离屏障，目前被广泛应用于高等级生物安全实验室领域，特别是高等级动物生物安全实验室。目前我国高等级生物安全实验室使用的手套箱式隔离器按照用途划分，主要分为动物饲养隔离器与动物解剖隔离器两类；按照动物种类划分，分为啮齿动物隔离器、禽用隔离器、猪隔离器、猴隔离器、雪貂隔离器等。

由于手套箱式隔离器在使用过程中能够同时保护实验对象及操作人员，因此被广泛应用于各级动物疫病预防控制中心及各类高级别生物安全实验室。目前市场上的手套箱式隔离器品牌较多、产品质量良莠不齐，按照生产商所处地域不同，主要分为进口品牌和国产品牌两大类。部分品牌设备外观如图 3.1.2-1 和图 3.1.2-2 所示。

图 3.1.2-1 国产某品牌手套式隔离器

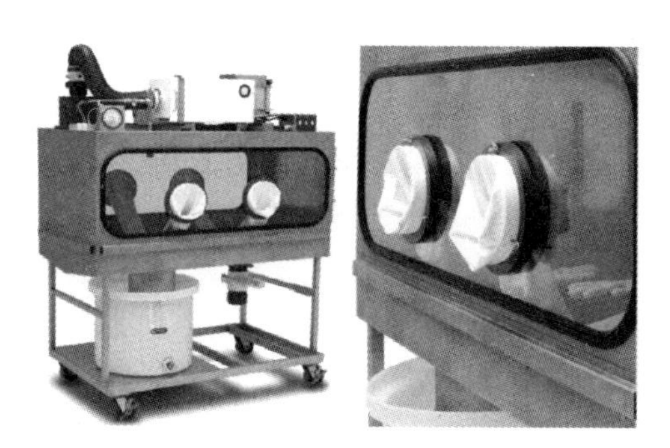

图 3.1.2-2 进口某品牌手套式隔离器

3.2 标准概况

3.2.1 国外相关标准

目前，国外用于评价生物安全领域的评价标准有澳洲/新西兰标准《第三部分：微生物安全与防护》AS/NZS 2243.3：2010（Safety in laboratories Part 3：Microbiological safety and containment）、加拿大生物安全标准《用于处理或储存人类和陆地动物病原体的设施》（第二版）（Canadian Biosafety Standard (CBS)-2edition for facilities handling or storing human and terrestrial animal pathogens and toxins）、美国国家疾病预防控制中心及国立卫生研究院颁布实施的《微生物及生物医学实验室生物安全（第五版）》（Biosafety in microbiological and Biomedical Laboratories）；我国用于评价生物安全领域的标准规范有《生物安全实验室建筑技术规范》GB 50346—2011、《实验室　生物安全通用要求》GB 19489—2008。

上述规范及标准主要是针对实验室设施方面参数指标的要求，对于手套箱式隔离器这类关键防护设备，国外规范主要依靠《洁净室及相关受控环境第 7 部分：隔离装置（洁净风罩、手套箱、隔离器、微环境）》ISO 14644-7：2004［Cleanrooms and associated controlled environments-Part7：Separative devices（clean air hoods，gloveboxes，isolators and minienvironments）］，该规范对隔离器的运行参数有较为具体的要求。

3.2.2 国内相关标准

2011 年 6 月 1 日我国实施了等效采用国际标准 ISO14644-7：2004 的《洁净室及相关受控环境　第 7 部分：隔离装置（洁净风罩、手套箱、隔离器、微环境）》GB/T 25915.7—2010。我国针对实验动物饲养环境的评价标准主要依据《实验动物　环境及设施》GB 14925—2010 与《实验动物　设施建筑技术规范》GB 50447—2008，其中针对用于动物实验、检疫的隔离环境提出了具体参数指标。但对于高级别生物安全实验室内的实验过程而言，其隔离器的用途不仅涉及染毒后动物的饲养，还会进行具有污染气溶胶高暴露风险的动物手术活动，且涉及病原微生物对人体或动植物均具有高度危害性和传染性。因此，为了更加适应生物安全领域的实验类型及特点，中国合格评定国家认可委员会于 2015 年 1 月 1 日正式颁布实施了《实验室生物安全认可准则对关键防护设备评价的应用说明》CNAS-CL53 作为其内部评审文件，并以该说明为基础于 2016 年 7 月 1 日完成了向认证认可行业标准《实验室设备生物安全性能评价技术规范》RB/T 199—2015 的转化，该规范涵盖了一系列涉及高等级生物安全实验室关键防护设备的测试项目、方法及评价指标，对于同样属于关键防护设备范围的手套箱式隔离器来说，其运行参数指标具备了规范的统一要求。其中涉及的规范包括：《生物安全实验室建筑技术规范》GB 50346—2011、《Ⅱ级生物安全柜》YY 0569—2011、《生物安全柜》JG 170—2005 以及等效采用国际标准《Containment enclosures-Part 2 Classification according to leak tightness and associated checking methods》ISO 10648-2：1994 的《密封箱式密封性分级及其检验方法》EJ/T 1069—1999。

3.3 调研对象

3.3.1 数据来源

本次用于支撑调研结果的数据主要通过 2011～2016 年对手套箱式隔离器现场实际检测获得。统计年份内有效数据结果共计 85 台，其中，2011 年度累计测试 2 台；2012 年度累计测试 4 台；2013 年度累计测试 2 台；2014 年度累计测试 9 台；2015 年度累计测试 20 台；2016 年度累计测试 48 台。通过对 2011～2016 年生物安全领域内该类隔离器的使用情况以及现场测试数据进行调研、整理，以期能够系统地反映出目前国内安全领域手套箱式隔离器的综合运行情况，为使用方对该设备的运行管理以及后期规范标准的修订工作提供切实有效的数据支持。各年度隔离器检测数量分布见图 3.3.1。

从图 3.3.1 可以看出：(1) 2011～2013 年手套箱式隔离器检测数量基本保持稳定，2014 年后测试数量增长幅度较快。实际上自 2014 年《实验室生物安全认可准则对关键防护设备评价的应用说明》CNAS-CL53 作为内部评审文件的出台，到 2016 年 7 月《实验室设备生物安全性能评价技术规范》RB/T 199—2015 正式实施，使得全国各类高等

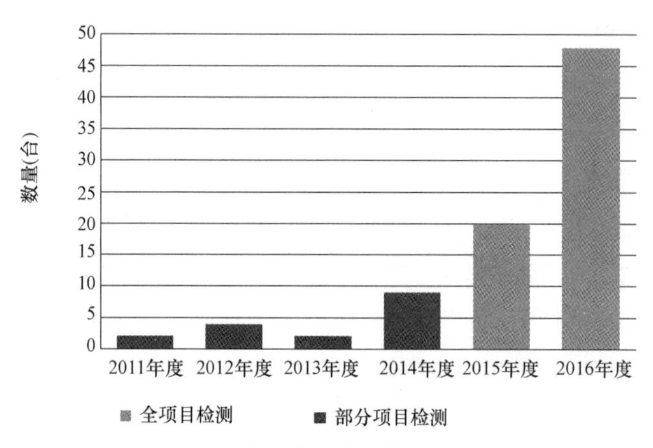

图 3.3.1　各年度隔离器检测数量分布

级生物安全实验室内关键防护设备的评审工作更加规范化、系统化，这也是造成手套箱式隔离测试数量自 2014 年后增长幅度较快的原因；（2）对使用方而言，手套箱式隔离器在饲养及实验过程中是不可缺少的，但在 2014 年之前，生物安全领域的标准规范中并没有针对该类关键防护设备的具体评价标准，导致使用方仅能通过厂家自检报告或其提供的检测项目委托检测机构判定产品是否合格，而 2014 年出台的 CNAS-CL53 则仅作为内部评审使用，对于手套箱式隔离器这类关键防护设备的测试项目并没有进行强制规定，造成仅有部分设备按照全项目进行检测，自 2016 年《实验室设备生物安全性能评价技术规范》RB/T 199—2015 正式实施后，该类设备的测试项目、测试方法及评价标准得到规范化的统一，手套箱式隔离器的测试项目得以完全按照规范要求进行。

3.3.2　厂家品牌

本次调研涉及手套箱式隔离器品牌共计 8 家，其中国产品牌 6 家，进口品牌 2 家。进口品牌数量占比约为 21%，国产品牌占比约 79%，同时，各生产厂商前期均有生物制药企业或生物安全实验室领域产品使用业绩。国产及进口隔离器品牌分布比例见图3.3.2-1，各品牌具体外观见图3.3.2-2～图 3.3.2-8。

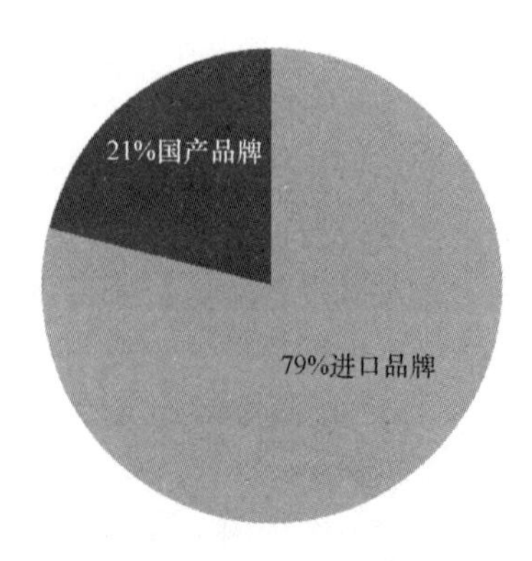

图 3.3.2-1　国产及进口隔离器品牌占比

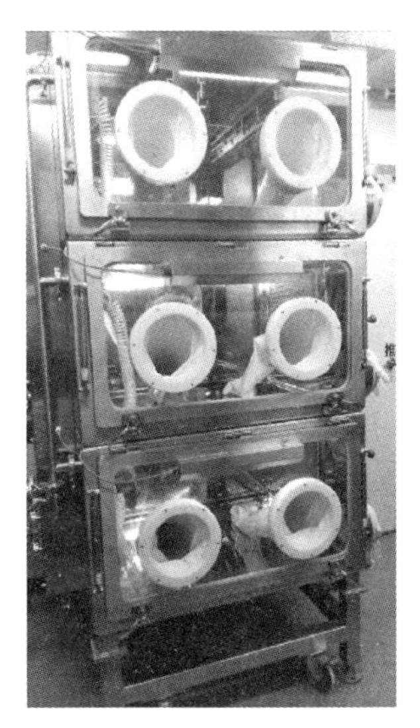

图 3.3.2-2　国产某品牌雪貂隔离笼

图 3.3.2-3　国产某品牌禽隔离器

图 3.3.2-4　国产某品牌隔离器

图 3.3.2-5　国产某品牌禽隔离器

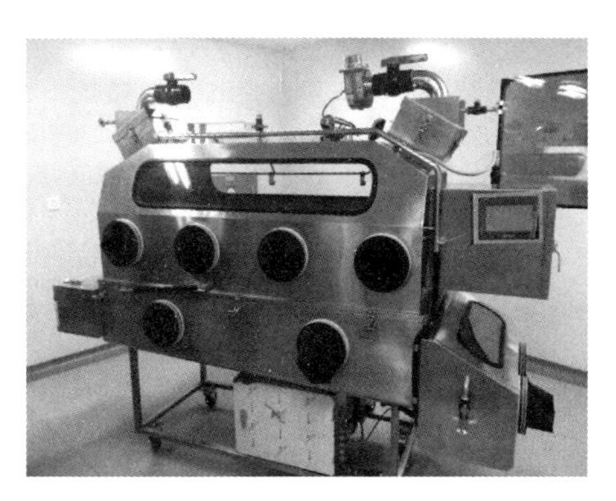

图 3.3-2-6　国产某品牌禽隔离器

图 3.3.2-7　国产某品牌隔离器

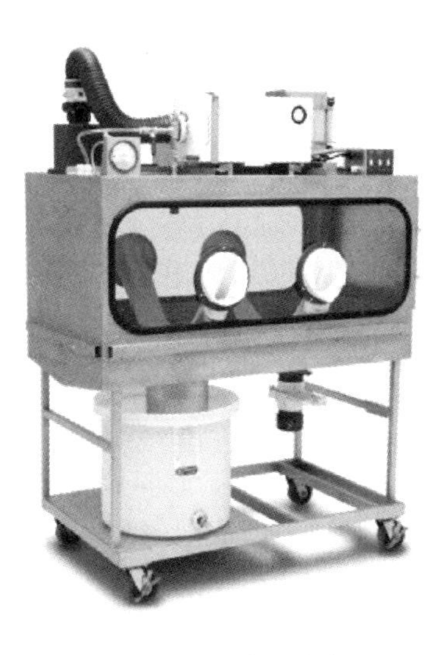

图 3.3.2-8　进口某品牌禽隔离器

3.3.3 测试项目及方法

为了能够充分反映手套箱式隔离器的实际运行情况，同时有效验证设备对人员及产品的保护作用，通过分析整理了国内外相关标准规范中所涉及的测试项目，对于手套箱式隔离器的测试方法及评价标准主要依据《实验室设备生物安全性能评价技术规范》RB/T 199—2015 进行，该规范分别对手套连接口气流流向、箱体内外压差、送/排风高效过滤器检漏以及工作区的气密性的测试方法及评价标准进行说明。具体测试方法及评价标准见表 3.3.3。

手套箱式隔离器测试方法及评价标准　　表 3.3.3

序号	测试项目	评价标准	测试方法	测试仪器
1	手套连接口气流流向	去掉单只手套后，手套连接口处的气流均明显向内、无外逸	应符合 YY 0569、JG 170 或 GB 50346 相应条款	发烟管
2	箱体内外压差	手套箱式负压动物隔离设备内应有不低于房间 50Pa 的负压	应符合 JG 170 相应条款规定	压差计
3	送、排风高效过滤器检漏	对于扫描检漏测试，被测过滤器滤芯及过滤器与安装边框连接处任意点局部透过率实测值不得超过 0.01%；对于效率法检漏测试，当使用气溶胶光度计进行测试时，整体透过率实测值不得超过 0.01%；当使用离散粒子计数器进行测试时，置信度为 95%的透过率实测值置信上限不得超过 0.01%	应符合 GB 50346 或 GB 50591 相应条款	气溶胶光度计或激光尘埃粒子计数器
4	工作区气密性	笼具内压力低于周边环境压力 250Pa 下的小时漏泄率不大于净容积的 0.25%	可采用压力衰减法，应符合 EJ/T 1096 相应条款	温度巡检仪、压差计

3.4 手套箱式隔离器现状调研结果分析

3.4.1 手套箱式隔离器实际运行情况分析

针对 2011～2016 年共计 85 台手套箱式隔离器进行现场实测，统计、整理各检测项目数据并分别按照《洁净室及相关受控环境第 7 部分：隔离装置（洁净风罩、手套箱、隔离器、微环境）》ISO 14644-7：2004 及《实验室设备生物安全性能评价技术规范》RB/T 199—2015 中规定的评价标准进行合格率分析，各测试项目具体统计结果如下：

1. 手套连接口气流流向调研结果

手套连接口气流流向的测试目的在于，当手套方式破损或脱落时，箱体内直接与外环境相通，箱体内压力无法保持，导致设备内空气存在外逸的可能，增加操作人员被感染风险。针对该情况 ISO14644-7：2004 第 9.2 条中要求“手套口风速指导值为 0.5m/s。”；而以 CNAS-CL53 为基础进行制订的 RB/T 199—2015 第 4.2.4.2 条中规定“手套箱式动物隔离设备在去掉单只手套后，手套连接口处的气流均明显向内、无外逸”。

通过汇总统计样本，得出按照上述不同标准评价时手套箱式隔离器合格率，具体数据及分布情况见表3.4.1-1，现场实测情况见图3.4.1-1。

手套连接口处气流合格率对比　　表3.4.1-1

品牌产地	产品代号	数量（台）	ISO14644-7:2004 手套口风速 不小于0.5m/s		RB/T 199—2015 气流流向合格率（%）
			数量（台）	所占比例（%）	
进口品牌	1	18	6	33.3%	100.0%
国产品牌	A	36	7	19.4%	100.0%
	B	12	1	8.3%	100.0%
	C	7	7	100.0%	100.0%
	D	6	0	0.0%	100.0%
	E	4	3	75.0%	100.0%
	F	2	0	0.0%	100.0%
合计		85	24	28.2%	100.0%

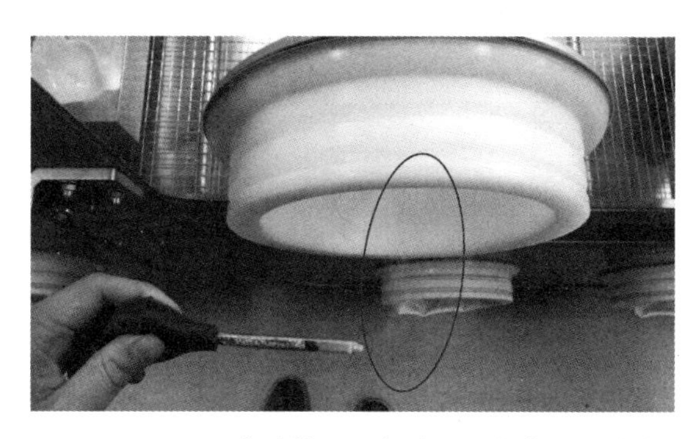

图3.4.1-1　手套连接口处气流明显向内、无外逸

通过数据整理发现：调研范围内的85台隔离器中手套连接口处实测风速有24台不小于0.5m/s，整体占比28.2%；对于按照RB/T 199—2015中规定的气流流向，合格率均达到100%，结果表明，上述隔离器均能形成定向气流，且均未出现气流外逸现象，实际上ISO14644-7：2004中规定的风速指标其最终目的也是防止手套脱落或破损后气流出现外逸，而对于0.5m/s的要求就显得比较苛刻。因此，RB/T 199—2015中的规定能够更加实际地适应我国生物安全领域对于该类设备的要求。

2. 箱体静压差调研结果

应用于生物安全领域的手套箱式隔离器内主要进行染毒后动物的饲养和具有污染气溶胶高暴露风险的动物手术活动，且涉及的病原微生物对人体或动植物均具有高度危害性和传染性。因此，要求隔离器在正常工作状态下箱体与外环境保持相对负压，防止在动物饲养或手术操作过程中产生的病原微生物向外界环境的泄漏，防止操作人员暴露于生物气溶胶和溅出物。ISO14644-7：2004中对箱体工作压差仅进行了定性的要求，RB/T199-2015

第4.2.4.4条规定“手套箱式负压动物笼具正常运行时，动物隔离设备内应有不低于房间50Pa负压”。另外，《实验动物　环境及设施》GB 14925—2010第5.1条中表1、第5.2.1条表3与《实验动物设施建筑技术规范》GB 50447—2008表3.1.1、表3.2.2中均要求应用于动物实验、检疫的隔离器应为负压工况，其隔离设备的内外静压差均应达到50Pa；各品牌隔离器箱体静压差合格率对比见表3.4.1-2。各年度所测隔离器不合格率分布及静压差现场实测见图3.4.1-2和图3.4.1-3。

各品牌隔离器箱体静压差合格率对比　　表3.4.1-2

品牌	产品代号	数量（台）	相对负压值不小于－50Pa的数量（台）	合格率（%）
进口品牌	1	18	18	100.0%
国产品牌	A	36	28	77.8%
	B	12	12	100.0%
	C	7	7	100.0%
	D	6	6	100.0%
	E	4	4	75.0%
	F	2	2	100.0%

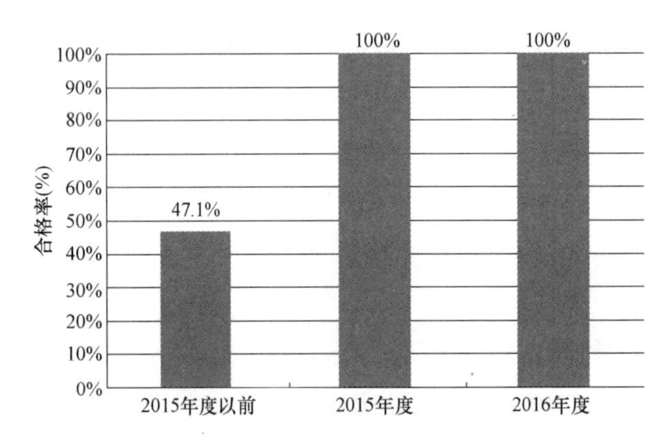

图3.4.1-2　各年度所测隔离器不合格率分布

图3.4.1-3　箱体静压差实测图

通过对数据分析后发现：调研范围内的85台隔离器，按照相对负压值不小于－50Pa评定，合格率均可达到75%以上。结果表明，目前进口及国产隔离器在正常运行工况下，除个别品牌型号隔离器低于相关规范对于静压差50Pa的要求，其余大部分均能满足规范要求。同时，由图3.4.1-2看出压力无法达到规范要求的隔离器均集中在2015年之前，即CNAS-CL53颁布实施之前。通过对上述品牌型号无法满足要求的隔离器进行了解后发现，主要原因为该型号产品主要供应兽用生物制药企业，其箱体内负压设计值均按照厂家自身要求进行确定，且上述品牌对应的型号2015年后均已不再供应高级别生物安全实验室的使用，改由新型号代替。

3. 送、排风高效过滤器检漏调研结果

手套箱式隔离器之所以既能够在保护实验动物生存环境，同时又可保护环境及人员不受到实验操作过程的污染，其中起到关键作用的部件是设备内部安装的送、排风高效过滤器。其中经过送风高效过滤器的洁净气流由隔离器顶部被送下（或经由箱体内产生的负压被吸入），从而避免了外界的污染空气对实验动物的影响。而实验过程中产生的气溶胶，会经由动力源抽吸至排风高效过滤器上游，通过高效过滤器对气溶胶颗粒的拦截作用，将过滤后的空气排出隔离器。

鉴于送、排风高效过滤器在设备运行过程中所承担的关键作用，ISO14644-7：2004中并未对过滤器的完整性进行明确的要求，而RB/T 199—2015要求手套箱式隔离器在现场安装后投入使用前（包括负压动物笼具被移动位置后），应对送、排风高效过滤器进行检漏，以防止由于装卸、运输过程对过滤器损坏，进而导致过滤器泄漏的可能。RB/T 1999—2015在第4.2.4.3条规定“对于扫描检漏测试，被测过滤器滤芯及过滤器与安装边框连接处任意点局部透过率实测值不得超过0.01%；对于效率法检漏测试，当使用气溶胶光度计进行测试时，整体透过率实测值不得超过0.01%，当使用离散粒子计数器进行测试时，置信度为95%的透过率实测值置信上限不得超过0.01%。”

目前市场上手套箱式隔离器送风高效过滤器检漏方法以扫描方式为主，而由于其排风机均位于高效过滤器下游，其排风高效过滤器检漏方法通常使用效率法。对于高效过滤器无论使用何种方法对其完整性进行验证，GB 50346及GB 50591均要求高效过滤器上游达到一定的浓度，这就要求隔离器本身在送排风高效过滤器上游具备发尘及浓度检测口。图3.4.1-4所示为某手套箱式隔离器送排风系统高效过滤器严密性验证位置示意图，图3.4.1-5为部分产品验证口实际外观。

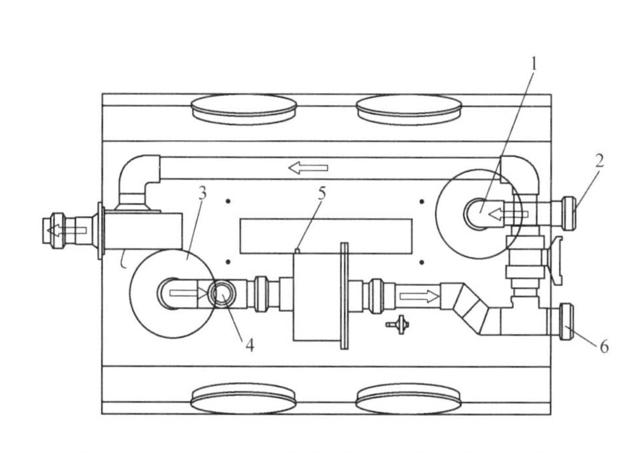

图3.4.1-4　高效过滤器完整性验证位置示意图

1—送风高效过滤器；2—第一级排风高效过滤器上游发尘口；3—第二级排风高效过滤器；4—第二级排风高效过滤器上游发尘口；5—第二级排风高效过滤器上游浓度采样口；6—第二级排风高效过滤器下游浓度采样口

图3.4.1-5　高效过滤器完整性验证位置实际外观

按照《实验室设备生物安全性能评价技术规范》RB/T 199—2015的评定标准，在除去12台未进行该项目测试的隔离器后，对剩余73台手套箱式隔离器、送排风高效过滤器的检漏结果分别进行统计，送风高效过滤器初次检漏合格率为98.6%、排风高效过滤器初次检漏合格率为91.5%，见图3.4.1-6和图3.4.1-7。

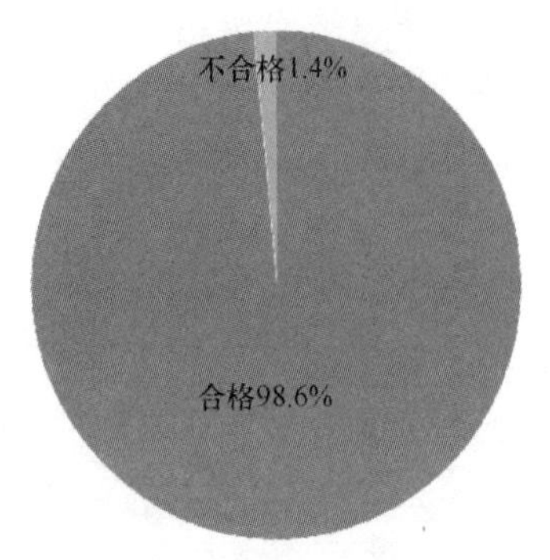

图 3.4.1-6　送风高效过滤器检漏合格率分布情况

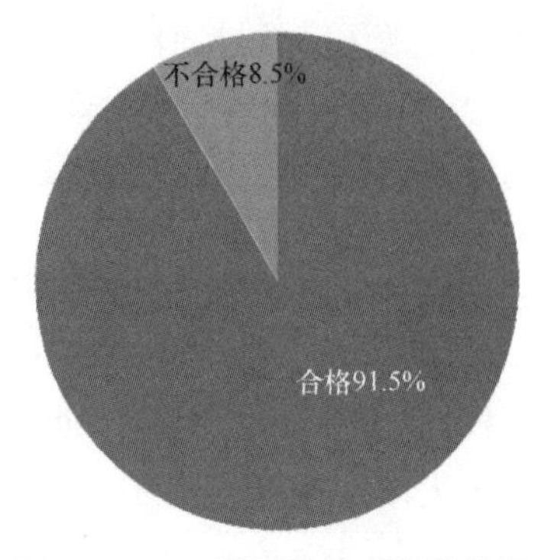

图 3.4.1-7　排风高效过滤器检漏合格率分布情况

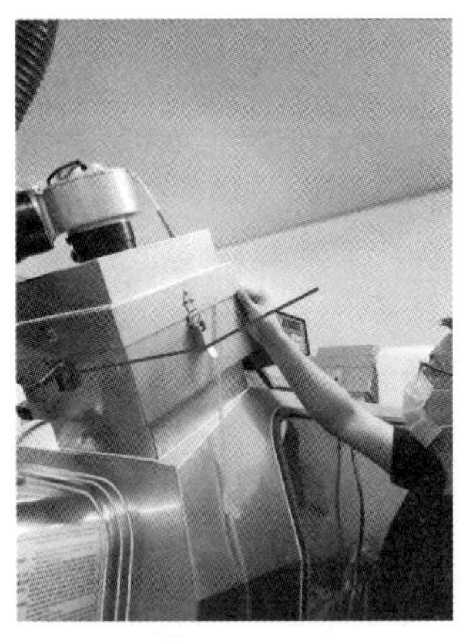

图 3.4.1-8　排风高效过滤器箱体易出现泄漏

从测试结果可以看出，样本中的送、排风高效过滤器检漏合格率均达到 90%以上，送风高效过滤器检漏一次通过率高于排风高效过滤器，分析原因主要是因为部分品牌隔离器排风高效过滤器从结构安装上较送风更易出现泄漏可能，如图 3.4.1-8 排风高效过滤器所在腔体如密封不严，会导致外界污染空气进入过滤器下游被测试仪器采集到。

4. 工作区气密性调研结果

气密性是手套箱式隔离器所必须具备的关键性能指标，其主要功能是保证隔离器在运行操作、故障停机、转运过程中装备内部的危险气溶胶不会外泄至周边环境，以及装备在内部消毒过程中可以保持整个消毒周期内的压力以及消毒气体浓度，从而确保最终的消毒灭菌效果。对于隔离器气密性的测试，ISO 14644-7：2004 中提出了对隔离效果度量分别有隔离描述符［A_a：B_b］和小时泄漏率有两种评价指标，同时规定对于箱体气密性的定量检测应采用 ISO 10468-2 的相关条文进行。RB/T 199—2015 中规定工作区的气密性可采用压力衰减法，并要求参考等效采用 ISO 10468-2 的 EJ/T 1096—1999 中的相应条款进行。评价指标则按照箱体内压力低于周边环境压力 250Pa 下的小时泄漏率不大于净容积的 0.25%。图 3.4.1-9 所示为压力衰减法测量系统示意图。

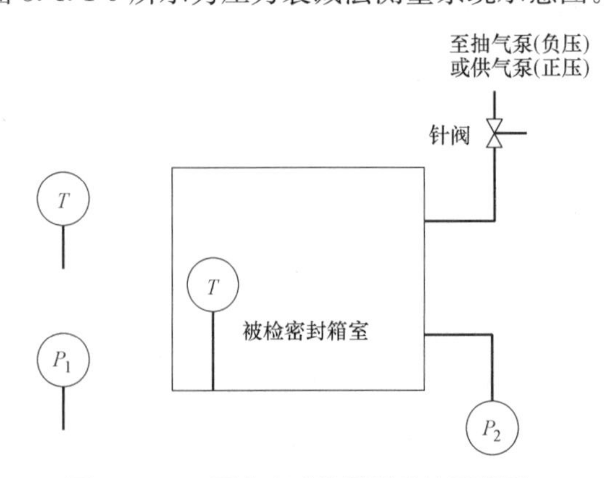

图 3.4.1-9　压力衰减法测量系统示意图

无论是 ISO 10468-2 还是 EJ/T 1096—1999 均对采用压力衰减法进行气密性的验证过程的有效条件进行对于其“箱室内部相对压力的变化必须小于初始值的 30%”的限定。在除去 12 台未进行该项目测试的隔离器后，对剩余 73 台手套箱式隔离器的气密性检验结果以及压力衰减幅度进行统计，隔离器气密性初次验证的整体合格率为 79.5%、压力衰减幅度超出限定条件的占 23.3%，见表 3.4.1-3。

隔离器气密性合格率分布统计　　表 3.4.1-3

品牌产地	产品代号	数量（台）	相对压力超出限定范围		气密性初次检验合格		整改后复测检验合格	
			数量（台）	所占比例（%）	数量（台）	合格率（%）	数量（台）	合格率（%）
进口品牌	1	18	2	11.1%	16	88.9%	18	100.0%
国产品牌	A	24	16	66.7%	18	75.0%	24	100.0%
	B	12	2	16.7%	10	83.3%	12	100.0%
	C	7	4	57.1%	4	57.1%	7	100.0%
	D	6	3	50.0%	3	50.0%	6	100.0%
	E	4	2	50.0%	4	100.0%	4	100.0%
	F	2	2	100.0%	1	50.0%	2	100.0%
合计		73	31	42.5%	56	76.7%	73	100.0%

从测试结果可以看出：

(1) 大部分品牌在初检过程中均出现泄漏率不满足要求的现象，且针对用于禽类饲养的密封隔离笼具尤为明显，这主要归因于其箱体本身未进行有效密封以及由于材料工艺选择存在差异，造成系统部件存在泄漏风险，如图 3.4.1-10 和图 3.4.1-11 所示。

图 3.4.1-10　隔离器箱体未进行密封

图 3.4.1-11　管道接口存在泄漏

(2) 调研范围的所有品牌相对压力衰减后的终值均有超出限定压力衰减幅度要求不超过 30%的现象，但所有隔离器经整改后泄漏率均符合规范要求，且跟踪发现上述设备在常年使用中均未发生因密封性不足而导致的生物安全事故，因此我们有理由相信该密封性能够满足高级别生物安全实验室的风险控制需求。

3.4.2 结论

1. 手套连接口气流流向

由于饲养如鸡、兔、雪貂、猴等动物，相对隔离器来说其体形相对较大，虽然其被放置在隔离器内的专门笼具内，但同样易对手套造成破坏或使其脱落，增加气溶胶泄漏的风险。因此，气流流向是验证手套箱式隔离器对操作人员防护效果最直观的手段。按照CNAS-CL53的要求，其手套口处风速合格率仅占28.2%，对于按照《实验室设备生物安全性能评价技术规范》RB/T 199—2015中规定的气流流向合格率均达到100%，由于上述隔离器均能形成定向气流，且均未出现气流外逸现象，实际上CNAS-CL53中规定的风速指标，其最终目的也是防止手套脱落或破损后气流出现外逸，而对于0.5m/s的要求就显得比较苛刻。因此，《实验室设备生物安全性能评价技术规范》RB/T 199—2015中的规定能够更加实际地适应我国生物安全领域对于该类设备的要求。

2. 箱体静压差

CNAS-CL53颁布实施前，应用于高等级生物安全实验室的隔离器的产品供应商主要来自兽用生物制药企业，其设备自身设计工况均按照厂家自身要求进行确定，导致2015年前个别品牌型号的隔离器低于相关规范对于静压差50Pa的要求。同样，从侧面可以看出，伴随着CNAS-CL53、RB/T 199—2015的颁布实施，各厂家均对隔离器的设计运行工况进行了适应性调整，设备静压差合格率得到了显著提高。使得生物安全领域关键防护设备的验证方法及评价指标有了规范化、系统化的依据。

3. 高效过滤器检漏

RB/T 199—2015中对于具备扫描检漏条件的过滤器要求采用测试局部透过率的扫描法，文献［7］中阐述了其原因为采用扫描法对于漏点的识别精度要优于效率法，其测试方法可参照GB 50591—2015的相关规定；由于效率法是通过分别测试高效过滤器上、下游粒子浓度后通过计算得出，因此要求测试点的位置能够代表过滤器上、下游空气混匀后的浓度，但目前市场上产品均未对测试点的均匀性进行过测试，易对测试结果造成偏差。因此，对于不具备扫描检漏条件的过滤器均可采用效率法，但应按照GB 50346的要求在过滤器下游混合均匀处设置采样点。

另外，弯头以及风机等均会对管路内气流的紊流情况产生较大影响，此影响是否会导致空气中的粒子损失？因此，全效率法检漏测试在测试精度上相比于扫描检漏测试有着明显的不足，以高级别生物安全实验室为代表的高风险控制环境，应在风险评估的基础上，审慎确定该方法的适用范围与条件。

4. 工作区气密性

调研范围内所有品牌隔离器的泄漏率最终测试结果均符合《实验室设备生物安全性能评价技术规范》RB/T 199—2015中“体内压力低于周边环境压力250Pa下的小时泄漏率不大于净容积的0.25%”的要求。虽然在测试过程中部分产品存在超过ISO 10468-2及EJ/T 1069-1999对压力衰减幅度限定范围的现象，但在对上述产品跟踪使用后发现，其在常年使用中均未发生因密封性不足而导致的生物安全事故。因此，建议验证方法参考ISO 10468-2及EJ/T 1096—1999中的变压法进行，但对于评价标准不限定测试过程中的压力衰减幅度，只要整个测试周期内（一般为1h）的泄漏率计算结果能满足小时泄漏率不大于0.25%的需求即可。

另外，由于密闭式隔离器均安装有供人员操作的橡胶手套，由于其材质原因，易导致隔离器在气密性测试过程中对测试容积的改变。而采用压力衰减法的前提条件就是要保证被测设备内部容积保持不变，因此，在使用压力衰减法测试时应采取必要措施绑紧或固定手套，以防止其体积发生较大变化。但此种做法无法再验证手套自身泄漏程度，如在动物饲养或设备转运过程中造成肉眼不可见的破损，则仅能依靠箱体产生的负压来进行对人员的防护。ISO14644-7：2004的附录E.5中对手套泄漏的测试方法及评价标准有详细的说明。鉴于上述原因，建议除对箱体进行气密性验证的同时，还应制定专门针对手套密封性的验证措施。

本章参考文献

[1] 国家认证认可监督管理委员会. 实验室设备生物安全性能评价技术规范 RB/T 199—2015 [S]. 北京：中国标准出版社，2016.

[2] 中国合格评定国家认可委员会. 实验室生物安全认可准则对关键防护设备评价的应用说明 CNAS-CL53：2014 [S]，2014.

[3] 全国实验动物标准化技术委员会. 实验动物 环境及设施 GB14925—2010 [S]. 北京：中国标准出版社，2011.

[4] 中国建筑科学研究院. 实验动物设施建筑技术规范 GB 50447—2008 [S]. 北京：中国建筑工业出版社，2008.

[5] 中国建筑科学研究院. 生物安全实验室建筑技术规范 GB 50346—2011 [S]. 北京：中国建筑工业出版社，2011.

[6] 中国建筑科学研究院. 洁净室施工及验收规范 GB 50591—2010 [S]. 北京：中国建筑工业出版社，2010.

[7] Euro Bio Concept. Innoste-CHS，2008.

[8] 中国核工业总公司. 密封箱室密封性分级及其检验方法 EJ /T 1096—1999 [S]. 北京：中国标准出版社，2009.

[9] The International Organization for Standardization. ISO Standard 10648-2 Containment enclosures-part2：classification according to leak tightness and associated checking methods [S]. [2014-10-11]. Switzerland：The International Organization for Standardization，1994.

[10] The International Organization for Standardization. ISO Standard 14644-7：2004 Cleanrooms and associated controlled environments-Part7：Separative devices（clean air hoods，gloveboxes，isolators and minienvironments）[S]，2004

第4章　非气密式隔离器

4.1　非气密式隔离器的结构及分类

4.1.1　结构及原理

实验动物是生命科学研究中不可或缺的重要实验材料，而隔离器是实验动物饲育与实验的重要支撑条件，其质量将会直接影响微生物控制级别的动物实验与饲育。房间内的空气经高效过滤器过滤后送入隔离器，以保证隔离器腔体内的空气质量，腔内空气经高效过滤器过滤后排至室外或隔离器所在房间，如图4.1.1所示。该设备既能保证动物与外界隔离，又能满足动物所需要的特定环境；同时，避免操作者穿着过多的防护服，改善操作人员工作的舒适度、灵活性，降低误操作，提高安全水平；感染物质完全受控，使污染区域最小。目前，隔离器在动物生产及实验领域已得到广泛应用。

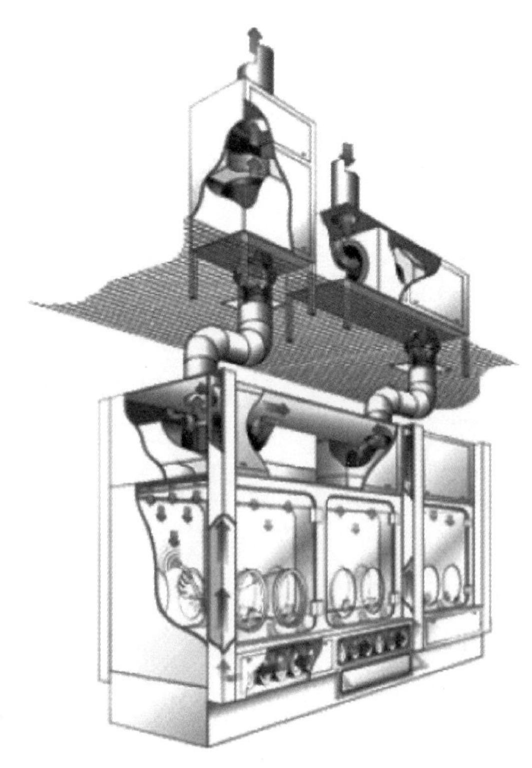

图4.1.1　隔离器示意图

4.1.2　隔离器的分类及特点

根据隔离器的生物安全防护性能，隔离器可分为非气密式隔离器和气密式隔离器。气密式动物隔离器主要用于从事携有或感染了高致病性病原微生物的动物科学研究的隔离器，如图4.1.2-1所示；非气密式隔离器主要应用于实验动物中无特定病原体（SPF）、悉生（Gnotobiotic）及无菌（germ free）动物饲育，图4.1.2-2所示为某进口品牌非气密式隔离器的外观及原理图。图4.1.2-3所示为某国产品牌非气密式隔离器的外观。

通过对2011～2016年生物安全领域内该类隔离器的使用情况以及现场测试数据进行调研、整理，以期能够系统地反映出目前国内安全领域非气密式隔离器的综合运行情况，为使用方对该设备的运行管理以及后期规范标准的修订工作提供切实有效的数据支持。

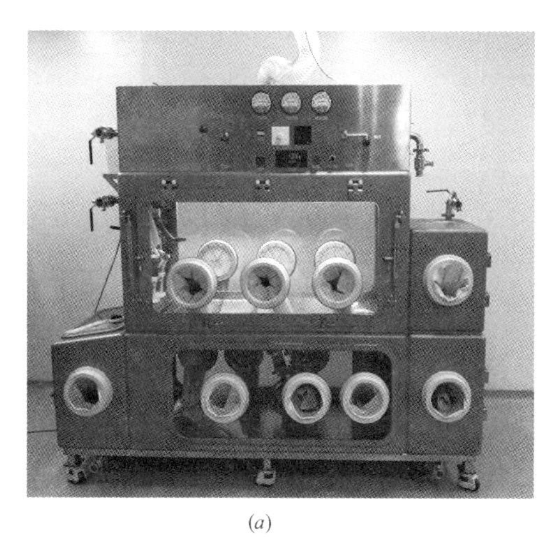
(a)

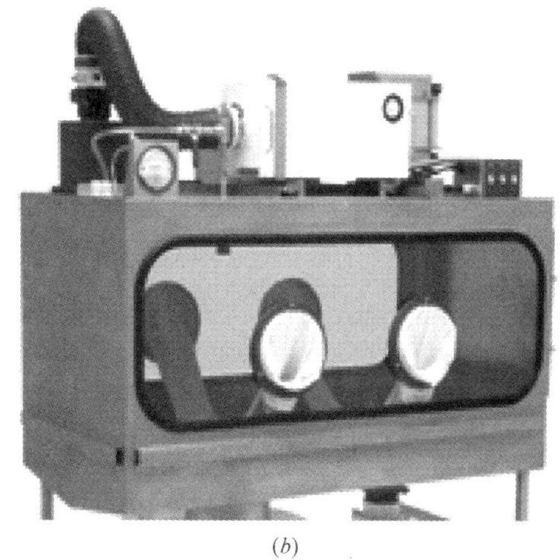
(b)

图 4.1.2-1 气密式隔离器

(a) 国产某品牌手套式隔离器；(b) 进口某品牌手套式隔离器

图 4.1.2-2 某进口品牌非气密式隔离器

图 4.1.2-3 某国产品牌非气密式隔离器

4.2 标准概况

4.2.1 国外相关标准

目前，国外用于评价生物安全领域的评价标准有澳洲/新西兰标准《第三部分：微生物安全与防护》AS/NZS 2243.3：2010（Safety in laboratories Part 3：Microbiological safety and containment）、加拿大生物安全标准《用于处理或储存人类和陆地动物病原体的设施（第二版）》(Canadian Biosafety Standard (CBS)-2edition for facilities handling or storing human and terrestrial animal pathogens and toxins)、美国国家疾病预防控制中心及国立卫生研究院颁布实施的《微生物及生物医学实验室生物安全（第五版）》(Biosafety in microbiological and Biomedical Laboratories)。

4.2.2 国内相关标准

我国用于评价生物安全领域的标准规范有《生物安全实验室建筑技术规范》GB 50346—2011、《实验室 生物安全通用要求》GB 19489—2008。上诉标准规范对实验室的建筑、设施等提出了具体要求，却对生物安全防护设备并未详细提出。我国针对实验动物饲养环境的评价标准主要依据《实验动物——环境及设施》GB 14925—2010 与《实验动物设施建筑技术规范》GB 50447—2008。

江苏省是我国生产隔离器的大省，其产量约占全国的 80%以上，在江苏省科学技术厅的领导下，江苏省实验动物质量检测二站、江苏省药品检验所、江苏省实验动物管委会办公室、江苏省实验动物协会等单位编制了隔离区的江苏省地方标准——《实验动物笼器具 隔离器》DB32/T 1216—2008。该标准对隔离器的结构、类型、性能指标等提出了具体要求。

中国合格评定国家认可委员会于 2015 年 1 月 1 日正式颁布实施了《实验室生物安全认可准则对关键防护设备评价的应用说明》CNAS-CL53 作为其内部评审文件，并以该说明为基础于编制了认证认可行业标准《实验室设备生物安全性能评价技术规范》RB/T 199—2015，该规范对动物隔离设备的测试项目、方法及评价指标提出了具体要求。

4.3 调研对象

4.3.1 数据来源

本次用于支撑调研结果的数据主要通过 2011～2016 年隔离器现场实际检测获得，如图 4.3.1-1。其中，2011 年累计测试 2 台；2012 年累计测试 4 台；2013 年累计测试 2 台；2014 年累计测试 9 台；2015 年累计测试 20 台；2016 年累计测试 68 台。

2016 年之前，我国缺少针对隔离器的检测及评价标准，各实验室多自检验收，且均为手套箱式隔离器。2015 年《实验室生物安全认可准则对关键防护设备评价的应用说明》CNAS-CL53 作为内部评审文件的出台，隔离器有了相关检测及验收依据，同时促进了厂家对隔离器性能优化，尤其是隔离器气密性能。

2016 年之前实际检测的隔离器均为手套箱式隔离器，2016 年 7 月《实验室设备生物安全性能评价技术规范》RB/T 199—2015 正式实施，使得全国各类高等级实验室内关键防护设备的评审工作更加规范化、系统化，各实验室多请第三方进行检测，2016 年度累计测试的 68 台隔离器中仅 20 台为非气密式隔离器，占约 2016 年度的 29%，如图 4.3.1-2 所示。

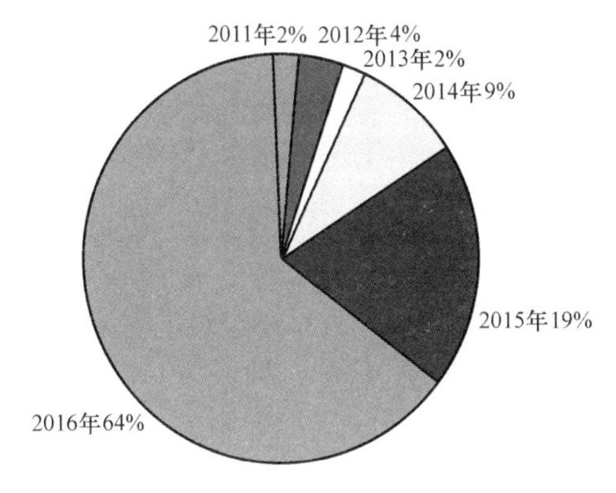

图 4.3.1-1 各年统计数据分布

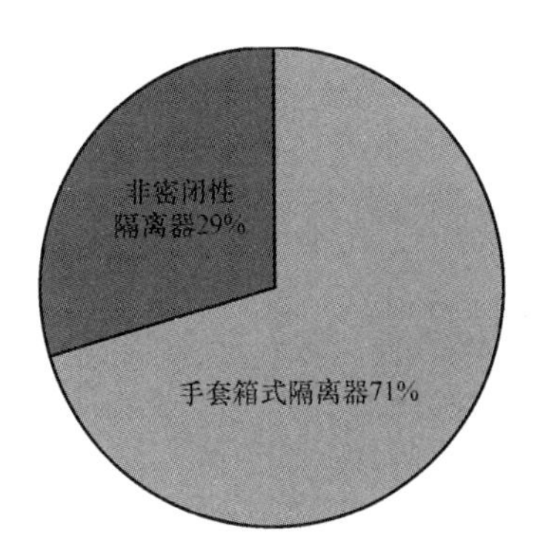

图 4.3.1-2 非气密式隔离器所占比例

4.3.2 测试项目

《实验室设备生物安全性能评价技术规范》RB/T 199—2015 规定，非气密式动物隔离设备现场检测的项目应至少包含：工作窗口气流流向、送风高效过滤器检漏、排风高效过滤器检漏、动物隔离设备内外压差。

1. 工作窗口气流流向

工作窗口断面所有位置的气流均明显向内、无外逸，且从工作窗口吸入的气流应直接吸入笼具内后侧或左右侧下部的导流格栅内。

测试时，使用烟雾发生装置发生可视烟雾，在工作窗口外约 38mm 处沿着整个工作窗口的周边经过，让烟雾沿着工作窗口的整个边界扩散，观察烟雾流向。

2. 送、排风高效过滤器检漏

送风高效过滤器是保证隔离器腔体内空气洁净度的必要设备，而排风高效过滤器可有效排除排风中的危险病原气溶胶，因此必须保证送、排风高效过滤器的完好、无漏。

广为接受的观点是，全效率检漏测试结果测试精度低于扫描检漏测试，在各种测试标准体系中，扫描检漏测试都是作为高效空气过滤器检漏测试的首选测试方法。故推荐对隔离器的送排风高效过滤器进行扫描检漏，对于无法进行扫描检漏的可使用全效率法进行测试。

对于扫描检漏，过滤器的滤芯和边框连接处任意点的局部透过率不得超过 0.01%，图 4.3.2-1 所示为某国产品牌猴笼隔离器扫描检漏测试。

当使用效率法进行测试时，需对测量结果进行 95%置信度计算，实测值的置信上限不得超过 0.01%，图 4.3.2-2 所示为某猴笼隔离器现场效率法检漏测试现场。

对于使用效率法进行检漏测试的隔离器，其厂家需预留检测孔，如图 4.3.2-3 所示。过滤器上下游预留检测孔的气溶胶均匀性需由厂家进行出厂验证。

3. 动物隔离设备内外压差

标准要求非气密式动物隔离器在正常工作时，笼具内应有不低于房间 20Pa 的负压，应在明显的地方安装压差计显示笼内的负压。

现场检测时使用压差计直接测量读取，如图 4.3.2-4 所示。建议设备厂家预留压力检测孔，以便日后检测使用。

图 4.3.2-1　高效过滤器扫描检漏

图 4.3.2-2　高效过滤器效率法检漏

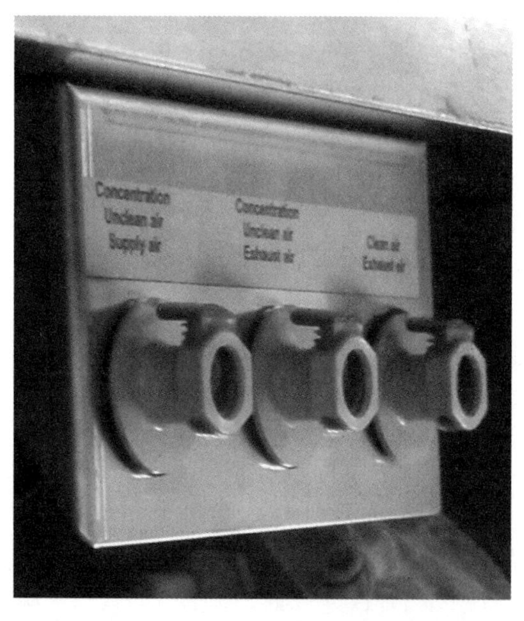

图 4.3.2-3　效率法检漏测试预留检测孔

图 4.3.2-4　隔离器内外压差检测

4.4　非气密式隔离器现状调研结果分析

4.4.1　气流流向及静压差调研结果

《实验室设备生物安全性能评价技术规范》RB/T 199—2015 要求隔离器应保持不低于房间 20Pa 的负压，工作窗口断面所有位置的气流均明显向内、无外逸，两项要求均为保证操作区空气不外逸，保护人员、实验室环境以及样本，且负压与气流流向呈因果关系。

通过汇总统计样本，得出隔离器负压值与气流流向测试结果，具体结果见表4.4.1。

隔离器负压值与气流留向测试结果　　表4.4.1

压　差　值	数量(台)	所占比例(%)	气流流向合格率(%)
−20～−50Pa	12	60	100
−50～−100Pa	6	30	100
超过−100Pa	2	10	100

由上述统计结果可以看出，所测隔离器压差及气流流向均能符合《实验室设备生物安全性能评价技术规范》RB/T 199—2015的相关要求。其中静压差在−20～−50Pa范围内的隔离器占总数量的60%，超过−50Pa的占40%，仅10%超过了−100Pa。实际调研显示，静压差超过−20Pa即可满足气流流向明显向内、无外逸的要求，建议实际使用时，将静压差调至−20～−50Pa即可。

4.4.2　送、排风高效过滤器检漏调研结果

隔离器之所以既能够保护实验样品，同时又可保护环境及人员不受到实验操作过程的污染，其中起到关键作用的部件是设备内部安装的送、排风高效过滤器。其中经过送风高效过滤器的洁净气流送入隔离器，从而实现对实验动物的保护。而隔离器内的气溶胶，会经由动力源抽吸至排风高效过滤器上游，通过过滤器对气溶胶颗粒的拦截作用，将过滤后的空气排出隔离器。鉴于送、排风高效过滤器在设备运行过程中所承担的关键作用，故标准要求对送、排风高效空气过滤器进行检漏测试。

《生物安全实验室建筑技术规范》GB 50346—2011中规定，对于采用扫描检漏的高效过滤器，上游≥0.5μm粒子浓度在不小于4000Pc/L的情况下，下游≥0.5μm的粒子浓度不应超过3Pc/L；对于进行效率法检漏测试的高效过滤器，上游0.3～0.5μm粒子浓度在不小于200000粒的情况下，下游0.3～0.5μm粒子的实测计数效率及置信度为95%的下限效率均不应低于99.99%。

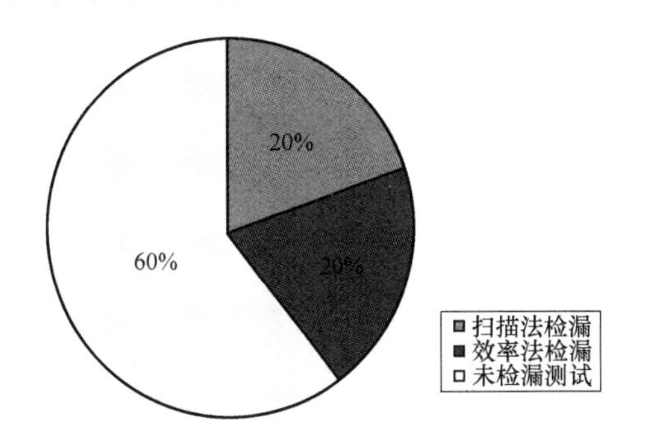

图4.4.2-1　送风过滤器检漏测试分布情况

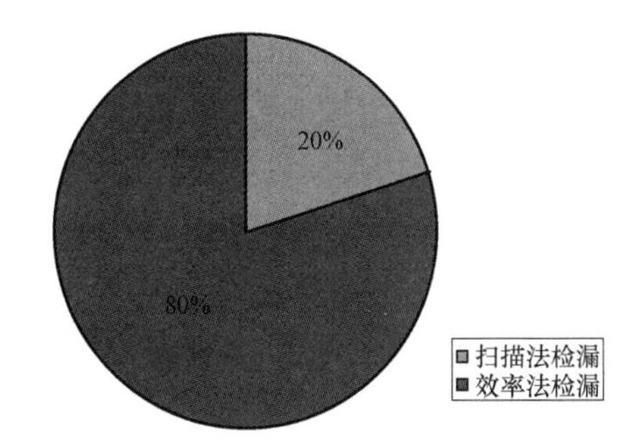

图4.4.2-2　排风高效过滤器检漏测试分布情况

由图4.4.2-1和图4.4.2-2可知，仅40%的隔离器进行了送风高效过滤器的检漏测试，其中扫描法和效率法各占20%，测试的隔离器送风高效过滤器均合格。本次调研的

隔离器均进行了排风高效过滤器的检漏测试，合格率为100%，其中扫描法占测试总量的20%，效率法检漏占测试总量的80%。

从测试结果可以看出，样本中的送、排风高效过滤器检漏合格率为100%，其主要原因是因为目前高效过滤器所选用的材料及工艺安装形式较为成熟，加之所调研的隔离器大部分为当年新购买设备，大部分厂家在现场安装完毕后均对该项目先进行自检调试。60%的甲方并未委托对送风高效过滤器进行检漏测试，主要由于隔离器所安置的房间均经过净化，隔离器背景洁净度大部分为万级，故送风高效过滤器的完整性并未引起使用方的重视。

4.4.3 结论

1. 气流流向

气流流向是对隔离器负压性能最直观的体现，也是验证隔离器对操作人员防护效果、对饲育动物的保护能力最直观的手段，且测试方法简单易行，方便操作人员进行自检。《实验室设备生物安全性能评价技术规范》RB/T 199—2015要求工作窗口断面所有位置的气流均明显向内、无外逸，且从工作窗口吸入的气流应直接吸入笼具内后侧或左右侧下部的导流格栅内。

本次调研的隔离器的气流流向均符合标准要求，但调研测试多为新设备的验收，测试时均为静态，建议使用方在使用过程中定期进行自检，观察隔离器随着使用时间的延长动态条件下气流流向是否会发生变化。

2. 静压差

《实验室设备生物安全性能评价技术规范》RB/T 199—2015要求非气密性动物隔离器在正常工作时，笼具内应有不低于房间20Pa的负压，应在明显的地方安装压差计显示笼内的负压。

据统计，静压差在－20～－50Pa范围内的隔离占总数量的60%，超过－50Pa的占40%，仅10%超过了－100Pa。实际调研显示静压差超过－20Pa即可满足气流流向明显向内、无外逸的要求，建议实际使用时，将静压差调至－20～－50Pa即可。

3. 高效过滤器检漏

推荐对隔离器的送、排风高效过滤器进行扫描检漏，对于无法进行扫描检漏的可使用全效率法进行测试。对于扫描检漏，过滤器的滤芯和边框连接处任意点的局部透过率不得超过0.01%，当使用效率法进行测试时，需对测量结果进行95%置信度计算，实测值的置信上限不得超过0.01%。

统计结果显示，仅40%的隔离器进行了送风高效过滤器的检漏测试，其中扫描法和效率法各占20%，测试的隔离器送风高效过滤器均合格。本次调研的隔离器均进行了排风高效过滤器的检漏测试，合格率为100%，其中扫描法占测试的20%，效率法检漏占测试的80%。

60%的甲方并未委托对送风高效过滤器进行检漏测试，主要是由于隔离器所安置的房间均经过净化，隔离器背景洁净度大部分为万级，故送风高效过滤器的完整性并未引起使用方的重视。

从测试结果可以看出，样本中的送、排风高效过滤器检漏合格率为100%，其主要原因是目前高效过滤器所选用的材料及工艺安装形式较为成熟，加之所调研的隔离器大部分为当年新购买设备，大部分厂家在现场安装完毕后均对该项目先进行自检调试。

为减少设备在运行周期内过滤器发生泄漏的风险，建议使用方对设备进行定期维护，并进行年度维护检验。

本章参考文献

[1] 中国建筑科学研究院. 生物安全实验室建筑技术规范 GB 50346—2011 [S]. 北京：中国建筑工业出版社，2011.

[2] 中国建筑科学研究院. 洁净室施工及验收规范 GB 50591—2010 [S]. 北京：中国建筑工业出版社.

[3] 张宗兴，祁建城，吕京等. 实验动物隔离器现场评价方法研究 [J]. 中国卫生工程学，2015，14 (1)：3-7.

[4] 马伟，孙石磊. 无菌隔离器的优势及其发展趋势 [J]. 装备应用与研究，2013，7 (7)：32-36.

[5] 刘年双，张玫，孟群等. 江苏省实验动物笼器具隔离器地方标准编制说明 [J]. 实验动物科学，2009，26 (2)：36-37.

[6] 国家认证认可监督管理委员会. 实验室设备生物安全性能评价技术规范 RB/T 199—2015 [S]. 北京：中国标准出版社，2015.

第 5 章　气体消毒设备

5.1　气体消毒设备的用途及分类

生物安全实验室是通过防护屏障和管理措施，达到生物安全要求的微生物实验室和动物实验室。生物安全实验室和外部环境的隔离是二级屏障，也称二级隔离。规范规定三级、四级生物安全实验室应设二级屏障。在一个试验周期完成后，需要对整个实验环境进行消毒。部分关键防护设备可采用蒸汽高压消毒，对于实验室防护区内不能蒸汽消毒的设备及围护结构表面较多采用气体消毒设备。生物安全实验室防护区域内的消毒灭菌是规避实验室感染风险的有效措施。完善的实验室安全管理体系中，应包括根据需求与实际条件选择合理的气体消毒方式。

化学消毒剂喷雾方式在我国目前运行中的高等级生物实验室中被普遍采用。较常见的化学试剂有：甲醛、过氧化氢（H_2O_2）、二氧化氯（ClO_2）。另外，国外某品牌生物安全隔离器采用过氧乙酸（CH_3COOOH）为设备内部进行熏蒸消毒。过去常用的消毒剂为甲醛，但由于甲醛对人体毒害较大、难清除且消毒周期长，近年来在大部分高级别生物安全实验室已不多见。国内高级生物安全实验室主要采用气化过氧化氢（H_2O_2）、二氧化氯（ClO_2）进行消毒。图 5.1-1～图 5.1-6 所示为几例国内高级生物安全实验室使用的气体消毒设备。

图 5.1-1　进口品牌 A 过氧乙酸（CH_3COOOH）隔离器消毒机

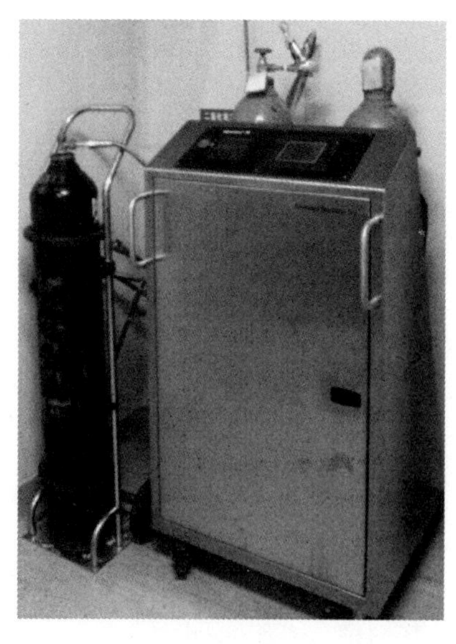

图 5.1-2　进口品牌 B 二氧化氯（ClO_2）消毒机

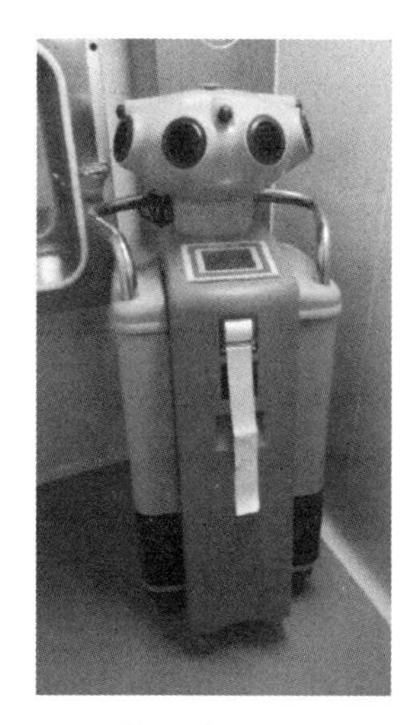

5.1-3 进口品牌C过氧化氢（H_2O_2）消毒机

图5.1-4 进口品牌D过氧化氢发生器1

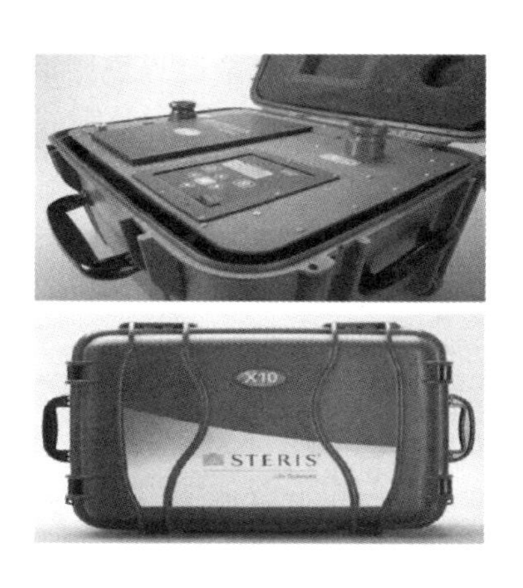

图5.1-5 进口品牌D过氧化氢发生器2

图5.1-6 国产品牌E过氧化氢（H_2O_2）消毒机

5.2 设备检测要求

5.2.1 检测时机

《实验室设备生物安全性能评价技术规范》RB/T 199—2015要求：气体消毒设备投入使用前、主要部件更换或维修后、定期的维护检测中要进行消毒设备检测。

5.2.2 检测项目

现场检测项目包括模拟现场消毒和消毒剂有效成分测定。

模拟现场消毒：模拟现场消毒指示菌，通常情况下，选用枯草杆菌黑色变种芽孢

（ATCC 9372）或嗜热脂肪杆菌（ATCC 7953）作为指示菌。但在污染对象很明确的前提下，可根据试验微生物的种类，选择抗力相似的微生物作为消毒指示物生物。消毒方法：按消毒设备使用说明书的方法及现场测定的实际消毒剂量进行消毒。

消毒剂有效成分测定：有效成分系指具有杀菌作用的成分。所有化学消毒剂均应进行本项检测。复方化学消毒剂测其杀菌主要成分的含量。

5.2.3 模拟现场消毒检测方法

1. 菌片制备

模拟现场消毒验证，选用的生物指示物统一使用滴染法制成菌片。消毒试验中使用的菌片是以菌液滴加于载体上制成的。载体应根据消毒对象选择，常用的有金属、玻璃、滤纸、线、布等。布片统一用白平纹棉布制作。金属片以不锈钢制作，纸片以新华滤纸制作。根据其特点选择适宜材料载体作为代表。载体可以为方形，大小为 10mm×10mm，使用金属时可采用直径 12mm 的圆形金属片（厚 0.5mm）。载体于染菌前进行脱脂处理（除滤纸片外）及统一灭菌。

2. 菌片培养

将制备好的菌片放置于待消毒房间内，均匀布置于边角不易到达处，消毒完成后回收菌片。消毒技术规范要求在杀菌试验中的活菌培养计数统一使用倾注法。将菌片上的细菌洗下成为菌悬液后进行培养计数。操作应严格按无菌要求，将菌悬液制成琼脂培养基置37℃的温箱内培养。培养至规定时间（细菌繁殖体为 48h，白色念珠菌与细菌芽孢为 72h），计数最终结果的菌落数。

5.3 常用消毒剂

5.3.1 甲醛

甲醛（HCHO）是一种具有刺激性气味的无色液体，与水混溶。常用的甲醛消毒剂有福尔马林和多聚甲醛两种，甲醛气体可通过加热福尔马林或多聚甲醛获得，也可采用甲醛消毒液雾化法得到。甲醛气体消毒效果受环境温度和湿度影响较大，消毒时需严格控制温湿度在规定范围内。在温度高于 20℃时，甲醛（HCHO）是一种能够杀死所有微生物及其孢子的气体，但对朊蛋白没有杀灭活性，甲醛消毒时间相对较长，并需要相对湿度达到 70%左右。

甲醛熏蒸因为具有广谱杀菌、使用方便和价格低廉等优点，已成为国内普遍的消毒、灭菌方法。但由于甲醛具有刺鼻的气味，其气体能够刺激眼睛和黏膜，被怀疑是一种致癌物质，消毒后需要中和，再进行排风换气。甲醛消毒程序包括甲醛注入熏蒸（8h 以上）、熏蒸后房间密闭（24h 以上）、通风三个阶段，通风前一般先用氨水中和降解甲醛浓度，整个消毒过程往往需要三四天以上。

5.3.2 过氧化氢（H_2O_2）

过氧化氢（H_2O_2）是一种无色液体，与水混溶能配制成不同浓度的水溶液，是强氧化剂，具有广谱、高效、速效、无毒、对金属及织物有腐蚀性、受有机物影响很大、纯品稳定性好、稀释液不稳定等特点。现有产品中多含有其他成分来稳定过氧化氢，加速其杀菌作用并降低其腐蚀性。过氧化氢消毒方法的主要优点是干燥、作用快速、无毒无残留。过氧化氢气体消毒房间时，能分解放出氧，导致房间内压力上升。

过氧化氢消毒程序包括准备阶段（预热除湿，10min以上）、调节阶段（过氧化氢气体快速注入，20min以上）、消毒阶段（过氧化氢气体慢速注入以维持其室内浓度，1h以上）、降解通风四个阶段。其中调节阶段、消毒阶段时间和房间体积、过氧化氢注入速率（使用剂量）等因素有关，降解通风是指停止注入 H_2O_2 气体后注入干燥空气继续循环，以降低实验室内 H_2O_2 气体浓度，再采用系统送排风管道将室内 H_2O_2 气体排出。整个消毒过程往往需要一两天，与甲醛熏蒸消毒方法相比，可大幅减少消毒时间。

5.3.3 二氧化氯（ClO_2）

二氧化氯（ClO_2）是一种有刺激性气味的淡黄色气体，容易分解为氯气（Cl_2）和氧气（O_2），易溶于水形成黄绿色溶液，在溶液中以分子形式稳定存在，是一种强氧化剂。二氧化氯不同于一般的含氯消毒剂，其主要通过氧化而不是氯化发挥其消毒作用，从而避免消毒过程中有机氯化物的产生。具有广谱、高效、速效、对金属有腐蚀性、对织物有漂白作用、消毒效果受有机物影响很大的特点。二氧化氯气体消毒房间时，能分解放出氯气（Cl_2）和氧气（O_2），并放热，导致房间内压力上升。

由于气体二氧化氯的密度大于空气的密度，另外气体二氧化氯熏蒸需要一定的环境湿度（控制在75%左右为宜），因此消毒时需要配备加湿器和风扇，使空间内保持一定的湿度及气体二氧化氯的均匀分布。二氧化氯消毒程序包括加湿、二氧化氯气体注入、二氧化氯浓度维持、通风四个阶段。整个消毒过程往往需要一两天，与甲醛熏蒸消毒方法相比，可大幅减少消毒时间。

5.3.4 过氧乙酸

过氧乙酸（CH_3COOOH）是无色液体，有难闻气味，易溶于水、乙醇、乙醚和硫酸。对许多金属有腐蚀作用，包括铝，是强氧化剂。过氧乙酸属于过氧化物类消毒剂，它具有强氧化能力，可有效杀灭各种微生物。过氧乙酸的气体和溶液都具有很强的杀菌能力，能杀灭细菌繁殖体、分枝杆菌、细菌芽孢、真菌、藻类及病毒，也可以破坏细菌毒素。其杀菌作用比过氧化氢强，杀芽孢作用迅速。

其杀菌作用随浓度的增加与作用时间的延长而加强；随温度升高，杀菌作用增加。过氧乙酸熏蒸消毒时，湿度越高，消毒效果越好，湿度低于20%时，杀菌作用很弱。有机物可使过氧乙酸的杀菌作用降低。空气消毒使用0.2%过氧乙酸，用气溶胶喷雾方法，消毒作用60min，然后进行通风换气。

5.4 消毒模式原理与特点

5.4.1 房间内发生方式密闭熏蒸消毒

1. 消毒原理

密闭熏蒸消毒是指以实验室房间为单元，密闭实验室，关闭送排风机组、风管密闭阀

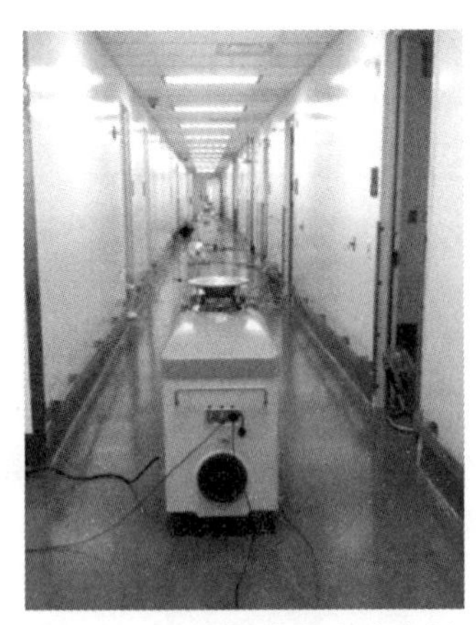

图 5.4.1　房间内发生消毒剂气体密闭熏蒸消毒示意图

和实验室门，使实验室处于密闭状态，在房间内发生消毒剂气体的方式，如图 5.4.1 所示。

图 5.4.1 所示消毒方式的工作原理为：将消毒设备主机推进待消毒的实验室内，微电脑控制台放置在辅助区某房间内，连接数据线经墙体预留的孔洞穿管传出，或通过传递窗传出，传递窗周边缝隙用无残留胶布密封，目前已出现不使用数据线直接通过无线连接进行控制的方式。

房间内发生消毒剂气体密闭熏蒸消毒是目前国内高级别生物安全实验室消毒最常用的方法，该消毒模式以房间为单位，整个实验室区域共用一套消毒设备；但是其一个区域完成后需要人员进出实验室防护区内移动消毒设备，增加了工作量和安全防护难度。

2. 优势及局限

对于密闭熏蒸消毒，笔者调研了国内多家高级别生物安全实验室，当采用密闭熏蒸消毒时，往往没有多个消毒设备可以对这些核心工作间同时进行消毒时，消毒中、消毒后和未消毒的房间存在彼此污染的风险，甚至污染吊顶、外围走廊等周围环境。当进行密闭熏蒸消毒时，从上文综合分析可以看出：

（1）消毒设备体量较小，操作维护成本较低。通过调研国内的实验室消毒情况可知，即使设置多个核心工作间，采用图 5.4.1 所示的消毒方式时，依然可以只设置一台移动式气体消毒设备完全可满足使用需求。

（2）消毒方式较为灵活。实验室区域内设置多个核心工作间时，并非各个核心工作间均同时使用，是否有必要对静态的核心工作间进行消毒值得商榷。

（3）熏蒸消毒过程中，消毒中的房间对相邻房间、吊顶等周围环境可能会出现正压，未被彻底消毒灭菌的病原微生物存在外泄风险。

（4）移动式气体消毒设备采用分区域进行消毒，由于不同区域存在消毒顺序的先后，在一个区域完成消毒后，移动设备的过程中，会使消毒完成区域与未完成区域连通，存在二次污染的可能。

3. 风险评估

从上文分析可以看出，房间内发生消毒剂气体密闭熏蒸消毒模式因使用灵活、维护方便，在我国高级生物安全实验室中应用最多。但这种方式存在污染物外泄的风险，因此应根据实际情况进行风险评估分析，当风险较大时，应采取相关措施降低风险。

国家标准《实验室生物安全通用要求》GB 19489—2008 第 5.4.1、5.4.2 条中的实验室在我国实际使用最为广泛，即《生物安全实验室建筑技术规范》GB 50346—2011 中的 BSL-3 a 类实验室（操作非经空气传播生物因子的实验室）和 BSL-3 b1 类实验室（可有效利用安全隔离装置进行操作的实验室），这类实验室防护区内的排风必须通过可原位消毒、检漏的排风高效过滤装置过滤后排出。在没有意外事故发生时，正常情况下室内被污染的概率较小，而即使发生泄漏，携带致病生物因子的气溶胶也会在较短的时间内排至排风高效过滤器被附着；另一方面，实验室密闭熏蒸消毒时从围护结构缝隙泄漏出来的空气量较少，而且大部分实验室在进行密闭熏蒸消毒时，一般都会对实验室门缝等可见缝隙进行封堵，降低泄漏概率。综上所述，密闭熏蒸消毒方式对于一些潜在的生物安全风险在可接受范围内。

生物安全防护级别较高的大动物三级生物安全实验室（GB 19489—2008 中的 ABSL-3 实验室，GB 50346—2011 中的 ABSL-3 b2 类实验室，即不能有效利用安全隔离装置进行操作的实验室）及四级生物安全实验室，对围护结构气密性的要求较高，需要进行恒压法、压力衰减法气密性验证。当采用密闭熏蒸消毒模式时，实验室围护结构的高度气密性能够降低房间污染物的外泄风险。

5.4.2　房间外发生方式密闭熏蒸消毒

1. 消毒原理

此方式同为密闭熏蒸消毒，使实验室处于密闭状态。在需消毒区域外发生，通过连接室内外的专用消毒管道进入实验室，如图 5.4.2-1 所示。

图 5.4.2-1 所示消毒方式的工作原理为：将消毒设备主机放置于实验室外，将消毒剂气体注入口与气流返回口快装连接墙体上的固有消毒口。为保证实验室内消毒气体的均匀分布及充分交换，可进一步通过塑料管一端连接墙体上的消毒剂气体注入口，一般房间单层布置高度 50～100cm，层高较高的房间（如解剖间）布置双层或多层，注入口与返回口并排布置（见图 5.4.2-2），为促进消毒剂的扩散，可在实验室内远端角落处放置可左右旋转的电风扇强化对流（见图 5.4.2-3）。

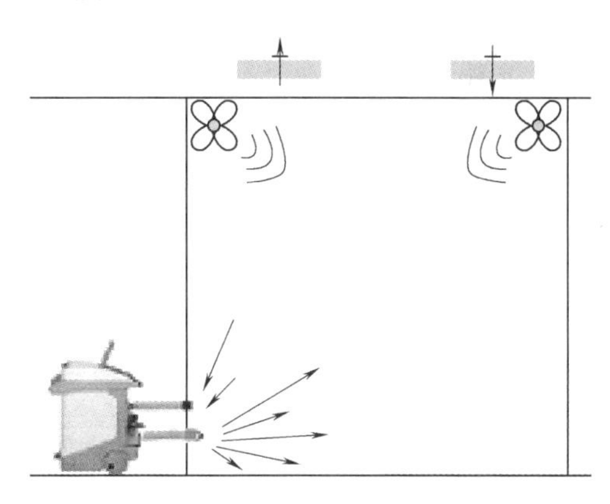

图 5.4.2-1　房间外发生消毒剂气体的密闭熏蒸消毒示意图

图 5.4.2-2　房间外发生消毒剂气体的密闭熏蒸消毒方式中侧墙布置的消毒剂注入和返回口

图 5.4.2-3　密闭熏蒸消毒外接方式的消毒剂循环风机

对比分析图 5.4.1、图 5.4.2-1 可以看出，由于图 5.4.1 在消毒时需要将消毒设备主机推入房间，而房间外发生方式可以避免在当前消毒区域内频繁地移动消毒设备，只需要在防护走廊内移动即可。同时，单次消毒区域较小，也可以减小消毒设备的体量。我国现有的更高防护级别的生物安全实验室多采用此方法。

另外，对于规模较小的实验室，房间外发生方式也可设置成专用消毒管道接入房间顶棚，在顶棚接管处设置专用消毒剂喷头送入消毒区域内，如图 5.4.2-4。消毒过程操作相对较为方便，且可保证整个系统同时进行消毒，但系统相对复杂，维护难度偏高。

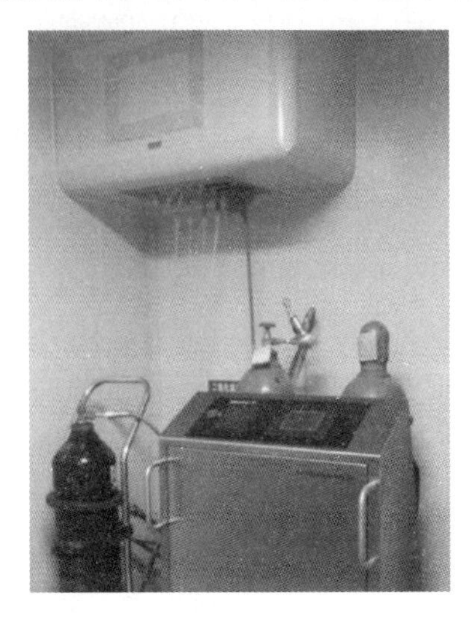

图 5.4.2-4　进口某品牌二氧化氯（ClO_2）消毒机介入顶棚密闭熏蒸消毒示意图

房间内发生的消毒方式存在消毒过程中存在正压的可能，形成外溢安全风险，而房间外发生方式可以通过循环风机的设置，保证室内的负压状态。

2. 优势及局限

由上文可知，房间外发生密闭熏蒸消毒方式，对比图 5.4.1 所示的房间内发生方式在消毒原理上较为接近，将气体消毒设备移至房间外，改进了房间内发生方式的一些问题。综合如下：

（1）图 5.4.2-1 所示的方式中消毒设备采用移动式，设置灵活，依然可以只设置一台移动式气体消毒设备完全可以满足使用需求。

（2）熏蒸消毒过程中通过消毒循环风机调节消毒中的房间与外界的压差，可防止出现正压，降低未被彻底消毒灭菌的病原微生物的外泄风险。

（3）图 5.4.2-1 所示移动式气体消毒设备采用分区域进行消毒，一个区域进行消毒前后，不必反复进出房间移动设备，降低二次污染的风险。

（4）图 5.4.2-4 所示方式，消毒操作简单，设备无需移动。设备选型须能同时负责整个实验室区域的消毒剂，设备体量相对较大。另外，消毒管道设置于夹层及设备层内，故障检修难度大，维护成本高。

（5）房间内注入口和返回口在围护结构上进行预留。我国某高级生物安全实验室内核心工作间的消毒剂进入口设置如图 5.4.2-2 所示，综合调查我国多个高级别生物安全实验室均采用这种方式设置。这种方式只考虑外接设备的安装方便，距离不到 50cm，即使设置风扇进行引流搅拌，也不能保证消毒剂充分地掺混送入室内。

3. 风险评估

通过消毒设备上的排风风机维持未消毒完成区域的负压，同时将消毒设备设置于消毒区域外侧，减少了移动消毒出入消毒区域，房间外发生方式可有效减少污染物外泄风险。因此，生物安全防护级别较高的大动物三级生物安全实验室中的 ABSL-3 b2 类实验室及四级生物安全实验室多采用图 5.4.2-1 所示的消毒方式。

5.4.3　大系统循环消毒

1. 原理及特点

大系统循环消毒是指在通风空调系统的送风主管、排风主管之间设置旁通消毒风管，消毒工况下，关闭送、排风机，关闭送、排风主管上的生物密闭阀，开启旁通消毒风管上的生物密闭阀，启动消毒风机（排风机可兼作消毒风机），在室内或管道上发生或注入消毒剂气体，通风系统循环运行，进行消毒，如图 5.4.3 所示。

大系统循环消毒模式一次可以对众多房间同时进行消毒，操作简单、方便，整个消毒过程无需人员进出实验室移动消毒设备，大大简化了消毒流程。但该消毒模式对消毒设备发生消毒气体的能力（包括发生浓度、发生速率等）要求较高，在国内高级别生物安全实验室消毒中的应用受到一定限制。

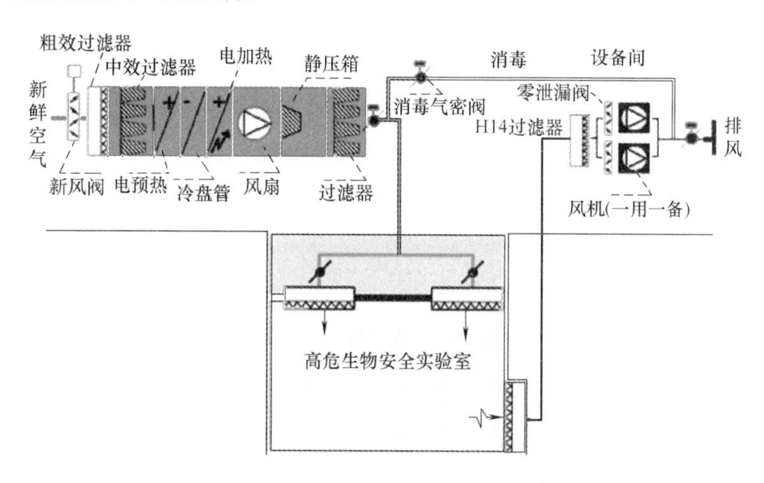

图 5.4.3　大系统循环消毒模式示意图

2. 存在的问题

大系统循环消毒模式在欧洲高级别生物安全实验室应用较多，我国首个四级生物安全实验室位于武汉病毒所，该实验室由中法双方设计单位合作完成实验室设计，其中的消毒模式采用的是大系统循环消毒模式。大系统循环消毒模式在国内高级别生物安全实验室消毒中应用不是很多，但在我国兽用生物制品 GMP 车间中的应用较多。

兽用生物制品 GMP 车间很多时候是采用臭氧进行消毒，国内臭氧发生器设备已经相当成熟，设备价格低廉，而我国高级别生物安全实验室基本采用甲醛、过氧化氢、二氧化氯进行消毒，由于甲醛的致癌性、残留物不好去除等问题，近些年来采用过氧化氢或二氧化氯进行实验室消毒的越来越多，该类消毒设备大部分为国外进口设备，价格不菲，国内可替代的同类消毒设备仍不是很成熟或未被广泛认可。该类国外消毒设备往往对被消毒房间面积有限制要求，若采用大系统循环消毒模式，则所需的过氧化氢或二氧化氯消毒设备初投资及运行费用均远超大部分实验室业主承受范围。

3. 风险评估

大系统循环消毒是一个动态循环消毒过程，可以避免密闭熏蒸消毒模式下出现的实验室正压问题，降低污染物外泄的风险，由于同一套通风系统中的所有房间均同时进行消毒，大大简化了操作流程。

当采用大系统循环消毒模式时，设备间内的消毒旁通风管、送风主管及技术夹层内的送风支管均为正压风管，存在循环空气外泄至设备间及技术夹层的可能，但由于循环空气在离开实验室时已经过排风高效过滤器的过滤，出现病原微生物外泄的风险极低。

5.5 现状分析及建议

5.5.1 围护结构严密性

目前国内实验室由于价格、操作难易等原因，大多选用房间内发生的密闭熏蒸消毒模式，该消毒模式存在污染物外泄的风险，对于常规三级生物安全实验室，正常情况下认为该风险在可接受范围内。为进一步降低该风险，在实验室日常运行维护过程中，应注意对围护结构严密性的保养，并加强年度检测。另外，在消毒前用胶带密封实验室门缝、传递窗缝等可见缝隙，可有效控制风险。

对于大动物 ABSL-3 实验室和四级生物安全实验室，尽量采用图 5.4.2-1 所示的消毒方式，即主机放在核心工作间外，具备调节保持室内负压的功能。另外，此类实验室围护结构气密性要求较高，可大幅降低污染物外泄风险。为确保生物安全，应进行围护结构气密性的年度检测验证。

5.5.2 排风密闭阀开启

对于密闭熏蒸消毒模式，为降低生物安全风险，可考虑加强围护结构严密性，这是“堵”的思维，借鉴大禹治水“堵不如疏”的思维，可考虑对泄漏进行“疏导”。密闭熏蒸消毒模式下产生污染物外泄风险的根源在于当实验室出现正压时，因实验室送、排风支管道上的阀门密闭，房间内的空气只能通过围护结构各处缝隙无组织地泄漏出去，此时如果排风管道上的密闭阀处于开启状态，则房间空气可以通过排风管道（经排风高效过滤器过滤）有组织地泄漏出去，房间不会再有正压，污染物外泄的风险大幅降低。

消毒过程中各核心工作间的排风支管密闭阀开启，若采用图 5.4.1 所示的消毒方式，处于消毒中的实验室内的消毒剂气体可能会通过排风管道渗透到相邻实验室或屋顶排风口处，但由于泄漏量较少，只需在一间实验室消毒后，移动消毒设备至下一个待消毒房间时做好个人安全防护即可。另外，消毒中的房间消毒剂气体发生剂量要求有所增加。

若采用图 5.4.2-1 所示的消毒方式，因设备自身带调节室内负压的功能，则消毒中的核心工作间排风支管上的密闭阀可以关闭，未消毒和已经消毒的核心工作间排风支管上的密闭阀开启即可，此时可避免出现类似图 5.4.1 所示消毒方式消毒剂外泄的隐患。

5.5.3 消毒负压工况

对于密闭熏蒸消毒模式，上述排风密闭阀开启进行疏导的思维可有效降低生物安全风险，为进一步降低污染物外泄风险，可考虑在消毒过程中保持实验室负压运行的技术措施，即排风机（或设置小风量的专用消毒风机）低频运行，维持核心工作间－20～－40Pa的静压差，压力梯度的设置可考虑生物污染风险由高到低设置，即未消毒房间负压最大、消毒中房间负压次之、消毒后房间和辅助区房间负压最小，这种工况可称之为消毒负压工况，在进行自控系统设计时预先设置好控制策略，实验室消毒时启用消毒程序。

5.5.4 防止短路

对于采用图5.4.2-1所示的密闭熏蒸消毒模式，房间内注入口和返回口在前期进行预留，需充分考虑消毒设备的消毒作用半径，综合设计气流组织形式，防止短路。现有的常用设置方式只考虑外接设备的安装方便，进出口距离过近。应将注入口和返回口分开设置，最好能设置于房间的两侧。同时，根据不同的消毒剂类型，考虑气体密度，设置接入口位置。

5.5.5 国产新型消毒设备研发

从生物安全风险评估的角度来看，大系统循环消毒模式对生物安全风险的控制优于密闭熏蒸消毒，而且整个消毒过程中不需要人员进出移动消毒设备，简化了消毒过程，应是高级别生物安全实验室消毒模式的首选。但大系统循环消毒所用的进口消毒设备的造价过高，受制于造价等原因，国内过氧化氢或二氧化氯消毒设备的研制问题成为亟需解决的难题，目前已有国产设备研发成功并经实践验证性能良好，如国家生物防护装备工程技术研究中心自主研发的气体二氧化氯消毒机。

5.6 结论

(1) 甲醛作为传统消毒剂，过去使用较为广泛。但其存在刺激性、有残留、对人员伤害大、消毒周期长等问题，近年来逐渐被高效、速效、环保和使用便利的过氧化氢和二氧化氯等取代。

(2) 为保证甲醛、过氧化氢和二氧化氯气体的消毒效果，房间的温湿度需要适应消毒工况，对净化空调系统的热湿调节能力存在要求。另外，过氧化氢和二氧化氯消毒反应过程中会产生气体，甲醛熏蒸过程存在升温情况，房间可能会产生正压，存在污染物外泄风险。

(3) 密闭熏蒸消毒模式的正压问题，使这种方式存在一定的泄露风险，但经过风险评估及循环方式消毒的造价对比，确认此风险在承受范围内。目前国内高级别生物安全实验室基本采用密闭熏蒸消毒模式。房间外发生方式可有效消除正压风险，同时减少因移动设备造成的进出穿过未消毒区域。

(4) 密闭熏蒸消毒模式对于围护结构的要求较高。对于大动物ABSL-3实验室和四级生物安全实验室，为确保生物安全，应进行围护结构气密性的年度检测验证。

(5) 密闭熏蒸消毒模式的正压问题可通过开启排风气密阀或设置消毒负压工况的方式解决。

(6) 大系统循环消毒方式在生物安全风险控制上存在优势，且操作方便，但造价偏高。

(7) 采用密闭熏蒸中设备外置的方式时，实际设置中为设置方便，往往普遍采用循环进出口并排布置，通过设置风扇引流搅拌作用，消毒验证能达到消毒效果，但实际存在短路现象，建议设计时选用合理的气流组织，将进出口分开布置，提高消毒效率。

(8) 过氧化氢或二氧化氯消毒设备虽然已经出现国产产品，且实际目前已有国产设备研发成功并经验证可以实际使用。然而从实际使用的反馈来看，虽然国产设备的价格普遍有优势，但消毒效果仍与进口设备存在一定差距。

本章参考文献

[1] 杨华明，易滨. 现代医院消毒学 [M]. 北京：人民军医出版社，2008.

[2] 世界卫生组织. 实验室生物安全手册（第三版）[M]. 日内瓦：世界卫生组织，2004.

[3] 李研，陈省平，赖小敏等. 生物安全三级实验室甲醛熏蒸消毒灭菌效果评价 [J]. 中国医药生物技术，2012，7（6）：463-465.

[4] 孙蓓，赵四清，李纲等. 气化过氧化氢用于生物安全实验室消毒最佳浓度及剂量探讨 [J]. 山东医药，2014，54（46）：21-23.

[5] 贾海泉，吴金辉，衣颖等. 气体二氧化氯用于空间消毒的评价 [J]. 军事医学，2013，37（1）：33-38.

[6] 王艳秋，孙利群，刘晓杰等. 二氧化氯气体用于生物安全三级实验室消毒效果的评价 [J]. 中国消毒学杂志，2015，32（1）：13-15.

[7] 中国建筑科学研究院. 生物安全实验室建筑技术规范 GB 50346—2011 [S]. 北京：中国建筑工业出版社，2012.

[8] 中国合格评定国家认可中心. 实验室生物安全通用要求 GB 19489—2008 [S]. 北京：中国标准出版社，2009.

[9] 中华人民共和国卫生部. 消毒技术规范（2002 版），2002.

[10] 国家认证认可监督管理委员会. 实验室设备生物安全性能评价技术规范 RB/T 199—2015 [S]. 北京：中国标准出版社，2016.

第6章　气　密　门

6.1　气密门的用途及分类

6.1.1　气密门用途

生物安全实验室围护结构气密性是实验室与外界环境隔离的物理基础，是生物安全可靠性的重要保证，而气密门是实验室围护结构中不可或缺的重要组成部分。气密门应用于高级别生物安全实验室中具有气密性要求的房间，以保证实验室围护结构的气密性。

目前，我国高级别生物安全实验室尚处于初级阶段，对气密门的认知比较欠缺，本章通过对国内高级别生物安全实验室中气密门的使用情况以及现场测试数据进行调研、整理，反映出目前国内气密门的综合使用情况，为使用方对该设备的运行管理以及相关标准规范的修订工作提供切实有效的数据支持。

6.1.2　气密门分类

气密门分为机械压紧式气密门及充气式气密门两种。机械压紧式气密门主要由门框、门体、门体密封圈、机械压紧机构和电气控制装置组成，其中密封圈安装在门体上（见图6.1.2-1），其工作原理为：门关闭时，通过压紧机构使门与门框之间的静态高弹性密封圈

图6.1.2-1　机械压紧式气密门

压紧，以使门和门框之间形成严格密封。充气式气密门主要由门框、门板、充气密封胶条、充放气控制系统等组成，其中充气密封胶条镶嵌在门板骨架的凹槽内（见图 6.1.2-2），其工作原理为：门开启时，充气膨胀密封胶条放气收缩在凹槽里；门关闭时，充气密封胶条充气膨胀，以使门和门框之间形成严格密封，同时门被紧紧锁住。

图 6.1.2-2　充气式气密门

6.2　国内外标准

目前，国内外针对生物安全实验室的标准中很少提及气密门的性能指标。可参考的标准规范主要有《气密门》CB/T 3722—1995（该标准已废止，新标准为《驾驶室气密移门》GB/T 3722—2014，但新标准中降低了气密性要求，对本书所探讨的生物安全实验室专用气密门已没有借鉴作用，故此处仍引用老牌标准要求）。中国合格评定国家认可委员会于 2015 年 1 月 1 日正式颁布的《实验室生物安全认可准则对关键防护设备评价的应用说明》CNAS-CL53，以 CNAS-CL53 为基础于 2016 年 7 月 1 日完成的认证认可行业标准《实验室设备生物安全性能评价技术规范》RB/T 199—2015，美国材料与试验协会 ASTM 标准《测定通过试样的特定压差条件下从外窗、护墙及门漏气速率的试验方法》E238-04（2012）（Standard Test Method for Determining Rate of Air Leakage Through Exterior Windows，Curtain Walls，and Doors Under Specified Pressure Differences Across the Specimen）。

上述国内外相关标准规范中，ASTM E238-04（2012）仅规定了气密门泄漏率的测试方法，未给出评价标准；《气密门》CB/T 3722—1995 及《实验室设备生物安全性能评价技术规范》RB/T 199—2015 中规定了气密门的检测项目、检测方法及评价标准。具体检测项目及评价标准见表 6.2。

气密门相关标准对比 表6.2

检测项目	RB/T 199—2015	CB/T 3722—1995
外观及配置检查	对照产品说明书，采用目测的方法，观察门框、门板等。对于机械压紧式气密门，检查密封胶条、门铰链、压紧机构及闭门器、电磁锁、解锁开关(如配置)等结构和功能件的齐全性；对于充气式气密门，检查充气密封胶条、门控制系统、紧急泄气阀、气路、闭门器等结构和功能件的齐全性	气密门的主要零件材料按《气密门》CB/T 3722—1995中表5的规定检查。不锈钢门的表面平整，门板厚度、尺寸偏差达到CB/T 3722—1995的要求
性能检查	对于机械压紧式气密门，做打开、关闭、锁紧门操作，判断运动机构是否正常，检查闭门器、电磁锁、门锁开关的功能是否正常。 对于充气式气密门，进行如下性能检查：(1)门控面板性能检查；(2)进行开门操作时，充气密封胶条自动放气，放气完毕后电磁锁断开，开门指示灯亮，关门指示灯灭。(3)进行关门操作时，电磁锁闭合，开门指示灯灭，充气密封胶条自动充气，充气完毕后关门指示灯亮。(4)紧急装置性能检查：1)紧急解锁开关检查；2)紧急泄气阀检查；3)充气密封胶条充、放气时间检查	在使用状况下，门呈开启状态，对门的把手部位施力，检测其启闭灵活性
气密性检测	可通过检测实验室围护结构的气密性来间接评价气密门的气密性。如安装气密门实验室围护结构的气密性满足相关要求(压力衰减指标要求或空气泄漏率指标要求)，则认为气密门的气密性满足要求。如安装气密门实验室围护结构的气密性不能满足相关要求，则应采用皂泡法进行验证	气密门关闭后应具有良好的气密性，A、B型门以压力为0.2MPa的空气向门缝处吹气，C型门以气密烟雾试验，应无泄漏；对于A型门，当门内外压差为500Pa时，每小时门内外压差改变量应不大于3%；对于B、C型门，当门内外压差100Pa时，5min内压差应不降为0

6.3 设备性能指标及检测方法

气密门最重要的性能指标即气密性，国内外对气密门的气密性检测方法有较大区别。

(1) 在《实验室设备生物安全性能评价技术规范》RB/T 199—2015中对气密门的气密性做了如下规定：

1) 如果安装气密门实验室围护结构的气密性满足相关要求，则认为气密门的气密性满足要求。实验室围护结构气密性有两种指标要求，即压力衰减法或定压法，压力衰减法要求房间相对负压值达到－500Pa，经20min自然衰减后，其相对负压值不应高于－250Pa；定压法要求房间相对负压值维持在－250Pa时，房间内每小时泄漏的空气量不应超过受测房间净容积的10%。现场测试照片如图6.3-1和图6.3-2所示。

2) 如果安装气密门实验室围护结构的气密性不能满足相关要求，则应采用皂泡法进行验证，即通过真空泵将气密门隔离的空间（实验室）抽气至低于－250Pa的负压，然后在门板和门框缝隙间刷肥皂水，如无明显鼓泡，则气密性完好。

(2) 美国材料与试验协会ASTM标准《测定通过试样的特定压差条件下从外窗、护墙及门漏气速率的试验方法》E238-04（2012）中规定了门的空气泄漏率测试方法，该标准中将所测试的门作为一个密封空间的一部分，然后将密封空间维持在一定的正压或负压下（压力设定值的±2%或±2.5Pa），测定该密封空间的空气泄漏率。

除此之外，国外厂家对充气式气密门的密封胶条采用压力衰减法测试其气密性。

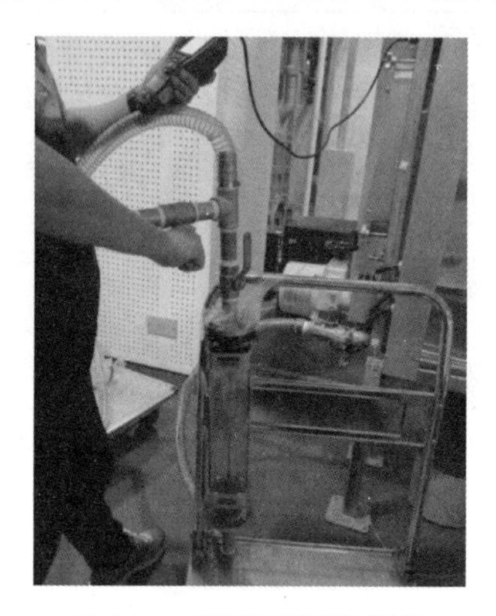

图 6.3-1 定压法现场测试照片

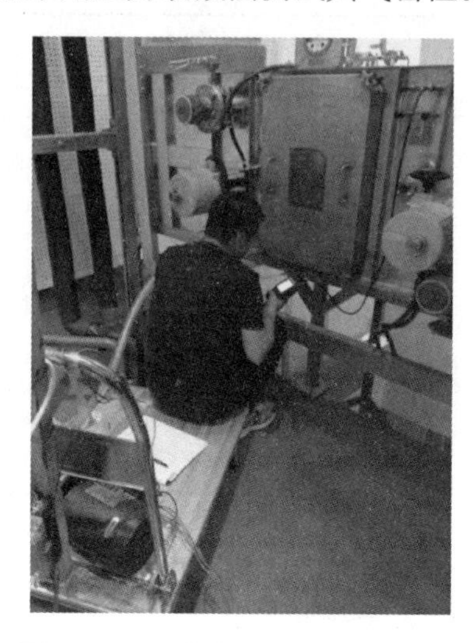

图 6.3-2 压力衰减法现场测试照片

6.4 实测调研数据分析

6.4.1 主要生产厂家及使用情况

本次调研选取了国内 7 家高级别生物安全实验室防护区内的气密门，共计 304 樘。其中两种类型的气密门使用情况见表 6.4.1，两种类型的气密门的使用比例见图 6.4.1-1。

两种类型的气密门使用情况　　表 6.4.1

门类型	实验室 G	实验室 A	实验室 B	实验室 C	实验室 D	实验室 E	大动物 P3 实验室 F	合计(樘)
压紧式气密门(樘)	26	54	64	0	31	14	15	204
充气式气密门(樘)	0	16	27	45	0	6	6	100

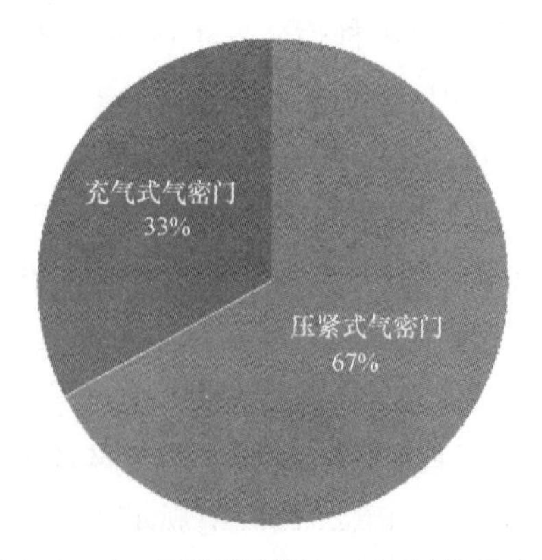

图 6.4.1-1 两种类型的气密门的使用比例

目前国内各家高级别生物安全实验室所使用的气密门既有国产品牌也有进口品牌，所占比例见图 6.4.1-2。各厂家产品的外观图如图 6.4.1-3～图 6.4.1-6 所示。

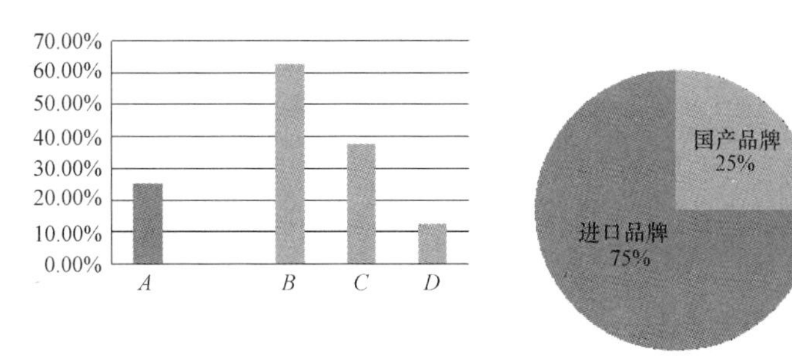

图 6.4.1-2 高级别生物安全实验室气密门各品牌使用比例

图 6.4.1-3 进口品牌 B 气密门

图 6.4.1-4 进口品牌 C 气密门

6.4.2 气密性测试方法

1. 国内测试方法

笔者对全国五家高级别生物安全实验室的 106 间使用气密门的房间进行了小时泄漏率的统计，对于使用不同类型气密门的房间，统计了泄漏率的分布情况，如图 6.4.2 所示。

从图 6.4.2 可以看出：

(1) 使用两种类型的气密门的房间小时泄漏率大部分在 0.5%～1.0%范围内，说明两种气密门均能满足气密性的要求；

(2) 使用充气式气密门的房间小时泄漏率在 1.0%以下的比例高达 100%，而使用压紧式气密门的房间小时泄漏率在 1.0%以下的比例仅有 60%，由此可知，充气式气密门的气密性较压紧式气密门的气密性好。

图 6.4.1-5　进口品牌 D 气密门

图 6.4.1-6　国产某品牌气密门

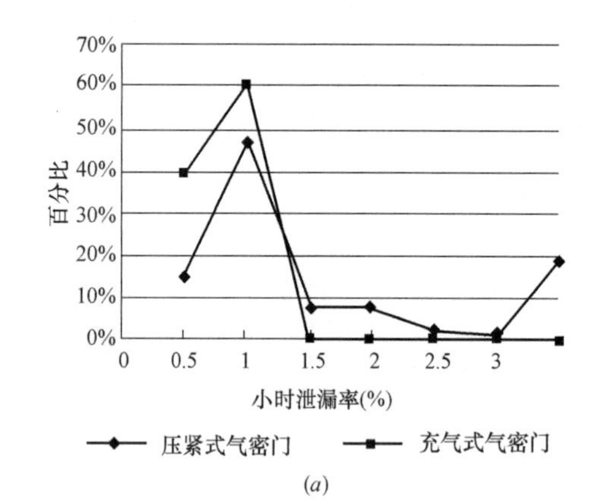

(*a*)

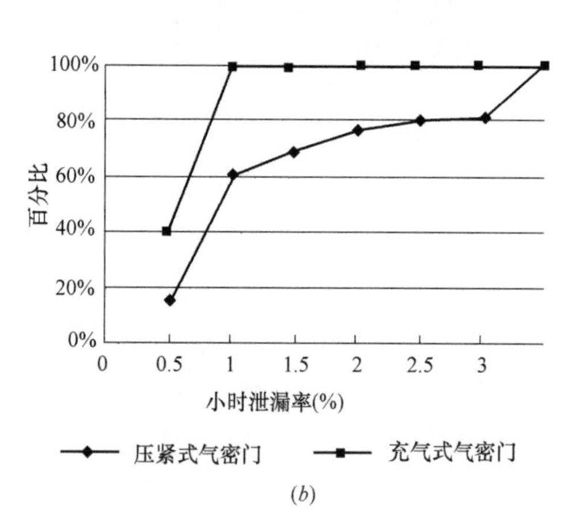

(*b*)

范围%	＜0.5	0.5～1.0	1.0～1.5	1.5～2.0	2.0～2.5	2.5～3.0	≥3.0	合计
压紧式气密门	9	30	5	5	2	1	12	64
充气式气密门	17	25	0	0	0	0	0	42

图 6.4.2　使用不同类型气密门的房间泄漏率分布图

(*a*) 不同区间小时泄漏率的比例；(*b*) 不同区间小时泄漏率的累计百分比

以上数据是根据《实验室设备生物安全性能评价技术规范》RB/T 199—2015 中规定的第一种评价方法得到的数据。这种评价方法认为，如果安装气密门的实验室围护结构的气密性满足相关要求，则认为气密门的气密性满足要求。该方法虽能定量地评价气密门，但是通过评价房间的气密性来间接评价气密门的气密性，不具备针对性，一旦房间的气密性不满足规范要求，则此种方法对气密门的气密性无效。

此外，《实验室设备生物安全性能评价技术规范》RB/T 199—2015 中还规定了采用皂泡法对气密门的气密性进行检测，这种方法可直观地说明气密门的漏点位置，但只能定性地评价气密门的气密性。

2. 国外测试方法

与国内测试方法不同，国外采用定压法测试气密门的气密性。根据 ASTM E283-04（2012）的规定，维持门体两侧一定的压差（偏差在设定值的±2%或±2.5Pa），测量门的泄漏量，并除以门及门框的面积，最终得到单位面积的空气泄漏率。表 6.4.2 是国外某检测机构对 PBSC 气密门所做的气密性检测结果。

国外某检测机构对 PBSC 气密门气密性的检测结果　　表 6.4.2

正压测试				负压测试			
时间	门两侧压差（Pa）	泄漏量（m^3/h）	泄漏率［$m^3/(m^2 \cdot h)$］	时间	门两侧压差（Pa）	泄漏量（m^3/h）	泄漏率［$m^3/(m^2 \cdot h)$］
10:25	235.0	0.000199	0.000062	11:42	203.0	0.004534	0.001412
10:26	234.0	0.000221	0.000069	11:43	206.0	0.004534	0.001412
10:27	235.0	0.000221	0.000069	11:44	211.0	0.004512	0.001405
10:28	234.0	0.000310	0.000096	11:45	214.0	0.004534	0.001412
10:29	238.0	0.000221	0.000069	11:46	217.0	0.004534	0.001412
10:30	236.0	0.000221	0.000069	11:47	218.0	0.002300	0.000717
10:31	237.0	0.000221	0.000069	11:48	219.0	0.002897	0.000903
10:32	241.0	0.000221	0.000069	11:49	220.0	0.002875	0.000896
10:33	242.0	0.000221	0.000069	11:50	218.0	0.002964	0.000923
10:34	243.0	0.000221	0.000069	11:51	217.0	0.002897	0.000903
10:35	246.0	0.000221	0.000069	11:52	215.0	0.002897	0.000903
10:36	249.0	0.000221	0.000069	11:53	214.0	0.002897	0.000903
10:37	249.0	0.000199	0.000062	11:54	212.0	0.002897	0.000903
10:38	250.0	0.000199	0.000062	11:55	212.0	0.002897	0.000903
10:39	255.0	0.000221	0.000069	11:56	214.0	0.002919	0.000909
10:40	253.0	0.000199	0.000062	11:57	214.0	0.002919	0.000909
10:41	254.0	0.000177	0.000055	11:58	213.0	0.002897	0.000903
平均值	243.00	0.000219	0.000068	平均值	213.94	0.003347	0.001043

表 6.4.2 中给出了在恒定压力下气密门的泄漏率，由于目前国外没有统一的标准来评价气密门的气密性指标，因此检测结果一般用于与产品说明书进行对比。这种检测方法可以定量地评价气密门的气密性，但对于泄漏点不能直观地给出。

此外，国外厂家采用压力衰减法对充气式气密门的密封胶条密封性进行测试：使门处于关闭状态，密封胶条充气，保证一定的压力，待一段时间后记录密封胶条内的压力衰减值，进而评价充气式气密门的气密性。这种方法要求每樘气密门的密封胶条内都设有压力探头，成本较高。

6.5 结论

（1）目前国内建设的高级别生物安全实验室均用到了气密门，其中压紧式气密门的使用率为67%，充气式气密门的使用率为33%。

（2）国内高级别生物安全实验室使用的气密门既有国产品牌也有进口品牌，其中进口品牌使用率为75%，国产品牌使用率为25%。

（3）国内标准规范中规定的气密门的气密性测试方法有两种：如果安装气密门的实验室围护结构的气密性满足相关要求，则认为气密门的气密性满足要求；如果安装气密门的实验室围护结构的气密性不能满足相关要求，则应采用皂泡法进行验证。这两种方法属于递进关系，当第一种方法对气密门不适用时，采用第二种方法。第一种方法可以定量评价，但有局限性；第二种方法可以直观地说明漏点位置，但只能定性评价。

（4）国外也有两种针对气密门的气密性检测方法：一种是定压法，这种方法可以定量地、有针对性地评价气密门的气密性，但不能直观地说明漏点位置；另一种是气密门密封胶条压力衰减法，这种方法对门的配套设施要求较高，增加了门的成本。

（5）通过对国内高级别生物安全实验室的气密性进行统计分析，使用两种类型的气密门的房间小时泄漏率大部分都在0.5%～1.0%范围内，说明两种气密门均能满足气密性的要求。

（6）使用充气式气密门的房间小时泄漏率在1.0%以下的比例高达100%，而使用压紧式气密门的房间小时泄漏率在1.0%以下的比例仅有60%，由此可知，充气式气密门的气密性较压紧式气密门的气密性好。

本章参考文献

[1] 中国建筑科学研究院. 生物安全实验室建筑技术规范 GB 50346—2011 [S]. 北京：中国建筑工业出版社，2012.
[2] 曹国庆，王荣，翟培军. 高级别生物安全实验室围护结构气密性测试的几点思考 [J]. 暖通空调，2016，46 (12)：74-79.
[3] 国家认证认可监督管理委员会. 实验室设备生物安全性能评价技术规范 RB/T 199—2015 [S]. 北京：中国标准出版社，2016.
[4] 中国船舶工业总公司. 气密门 CB/T 3722—1995 [S]. 北京：中国标准出版社，1996，2014.
[5] 美国材料与试验协会.《Standard Test Method for Determining Rate of Air Leakage Through Exterior Windows, Curtain Walls, and Doors Under Specified Pressure Differences Across the Specimen》ASTM E238-04 (2012) [S]，2012.

第7章　排风高效过滤装置

7.1　概述

排风高效过滤装置指用于特定生物风险环境，以去除排风中有害气溶胶为目的的过滤装置，装置具备原位消毒及检漏功能。在高级别生物安全实验室中，主要依靠隔离屏障设施来实现实验操作以及动物饲养过程不会产生致病微生物外泄风险，进而确保实验操作人员和周边环境的安全性，排风高效过滤装置是最为关键的一部分。

本章通过对来自欧洲、美国以及中国的6个主流产品供应商的共计262件风口式排风高效过滤装置及145件管道式排风高效过滤装置的现场检验数据进行汇总整理，通过对排风高效过滤器完整性及管道式排风高效过滤装置气密性的现场测试结果的分析，总结出目前排风高效过滤装置的运行现状。同时，对现场检测时出现的问题及针对性解决方法进行说明和分析，对排风高效过滤装置现场检测及评价方法的完善具有重要意义，期望对完善排风高效过滤装置现场检测验收体系起到一定的技术支持和推动作用。

7.2　排风高效过滤装置的结构

从使用特点上，应用于高级别生物安全实验室的排风高效过滤装置根据其安装位置，分为风口式（安装于实验室围护结构上）和管道式（也称单元式，安装于实验室防护区外，通过密闭排风管道与实验室相连）。就密封性需求而言，一般不对风口式的排风过滤装置进行单独要求，而是视其为实验室围护结构的一部分，满足整体性密封要求即可。

7.2.1　风口式排风高效过滤装置的结构

风口式排风高效过滤装置主要安装于实验室围护结构上，一般可进行原位消毒及检漏，一般配备有下游采样口、驱动机构、消毒口、排风高效过滤器、过滤器阻力监测器等。该类设备在使用过程均可以有效防止病原微生物向外界环境的泄漏。风口式排风高效过滤装置设备外观如图7.2.1-1、图7.2.1-2所示。

7.2.2　管道式排风高效过滤装置的结构

管道式排风高效过滤装置主要安装于实验室防护区外，通过密闭排风管道与实验室相连，可进行原位消毒及检漏，一般配备有下游采样口、驱动机构、消毒口、排风高效过滤器、过滤器阻力监测器等，该类设备在使用过程均可以有效防止病原微生物向外界环境的泄漏。设备外观如图7.2.2所示。

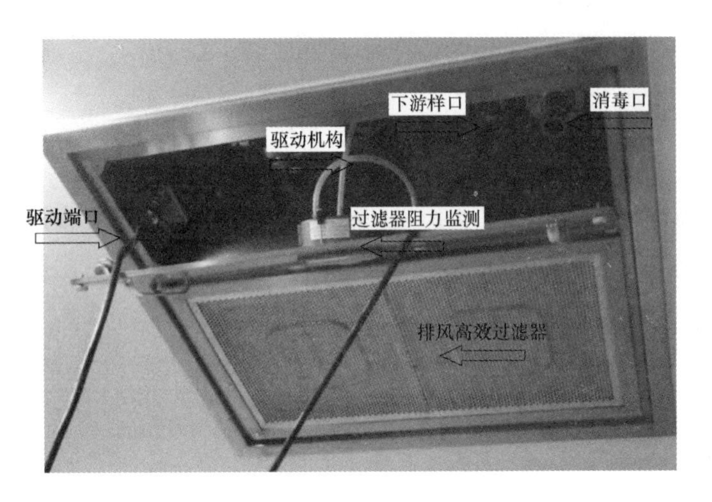

图 7.2.1-1　风口式排风高效过滤装置外观 1

图 7.2.1-2　风口式排风高效过滤装置外观 2

图 7.2.2　管道式排风高效过滤装置外观

7.3　标准要求

7.3.1　测试项目及评价方法

为了能够充分反映排风高效过滤装置的实际运行情况，有效地验证设备对人员及产品的保护作用，通过分析整理了国内外相关标准规范中所涉及的测试项目，对于排风高效过滤装置的测试方法及评价标准主要依据《生物安全实验室建筑技术规范》GB 50346—2011 及《实验室设备生物安全性能评价技术规范》RB/T 199—2015 进行，规范中分别对箱体气密性（适用于安装于防护区外的排风高效过滤装置）、高效过滤器检漏的测试方法及评价标准进行说明。具体测试方法及评价标准见表7.3.1。

排风高效过滤装置测试方法及评价标准　　表7.3.1

序号	测试项目	评价标准	测试方法	测试仪器
1	箱体气密性	检测结果应符合GB 19489的要求(高效过滤单元的整体密封性应达到在关闭所有通路并维持腔室内的温度在设计范围上限的条件下，若使空气压力维持在1000Pa时，腔室内每分钟泄漏的空气量应不超过腔室净容积的0.1%。)	箱体气密性检测可采用压力衰减法，应符合EJ/T 1096相应条款	温湿度测量仪、数字压力计
2	排风高效过滤器检漏	对于扫描检漏测试，被测过滤器滤芯及过滤器与安装边框连接处任意点局部透过率实测值不得超过0.01%；对于效率法检漏测试，当使用气溶胶光度计进行测试时，整体透过率实测值不得超过0.01%；当使用离散粒子计数器经行测试时，置信度为95%的透过率实测值置信上限不得超过0.01%	应符合GB 50346或GB 50591相应条款	激光尘埃粒子计数器

对表7.3.1所述内容进行几点说明：

（1）就密封性需求而言，一般不对风口式的排风过滤装置进行单独要求，而是视其为实验室围护结构的一部分，满足整体性密封要求即可，其一般应用在BSL-3中的a类、b1类及ABSL-3中的b1类实验室中，《生物安全实验室建筑技术规范》GB 50346—2011中表3.3.2中给出了围护结构严密性的要求：“所有缝隙应无可见泄漏（发烟法）”，则其所使用的风口式排风过滤装置满足此要求即可。

对于管道式排风高效过滤装置结构，其一般应用在ABSL-3中的b2类、BSL-4及ABSL-4实验室中，从使用特点上来说，此类设备均安装于实验室防护区外，而且与排风管道不同，因内设过滤器以拦截、去除排风中的危险病原微生物气溶胶，所以在完全消毒之前，应视装置内部处于被病原微生物驻留、污染，并且所驻留病原微生物处于存活、可传播的状态。这就对排风过滤装置箱体的整体密封性提出了较高的要求，以确保装置在系统运行、故障停机时均不发生内部气体以及气溶胶外溢，并且在整个消毒周期内可有效维持箱体内消毒气/气体浓度等，以满足生物安全防护的需求。

（2）就箱体气密性的测试方法而言，《密封箱室密封性分级及其检验方法》EJ/T 1096第5.2.1条指出“压力衰减法在于测量处于负压的密封箱室内部单位时间的压力增加，密封箱室处于正压时，也可采用同样的方法”。管道式排风高效过滤装置正常运行时其内部处于负压状态，即使有泄漏，也不会造成危害，只有当工作状态异常即出现正压状态时，其风险才会存在，测试正压状态下的管道式排风高效过滤装置的气密性也有一定的实际意义。

（3）就箱体气密性的评价标准而言，《实验室　生物安全通用要求》GB 19489—2008以及加拿大公共健康署（Public Health Agency of Canada）2014年开始正式发布的《加拿大生物安全标准及指南》(Canada Biosafety Standards and Guidelines, first edition)，均要求采用排风高效过滤装置在1000Pa下的分钟泄漏率不大于箱体净容积的0.1%的气密性指标。

（4）排风高效过滤器在保护实验动物生存环境及保护人员不受到实验操作过程的污染上起着关键作用。在现场安装后、投入使用前应对排风高效过滤器进行检漏，以防止由于装卸、运输过程对过滤器损坏，进而导致过滤器泄漏的可能。

（5）就排风高效过滤器检漏的测试方法而言，对于效率法检漏测试，下游采样口的设置一定要通过下游气溶胶均匀性验证，这样测试的数据才具有代表性。

7.3.2 测试条件及步骤

以上测试项目的测试条件及大致步骤分别如下：

（1）对箱体气密性的测试，采用压力衰减法。测试周期为 1h，通过初始和终止参数计算小时泄漏率，不超过 0.25%即为合格。具体的测试过程及泄漏率的计算见《密封箱式密封性分级及其检验方法》EJ/T 1096—1999，曹国庆等也对气密性的相关测试方法作出了分析和评价。

（2）对排风高效过滤器检漏测试时首先应对过滤器上游浓度进行测试，对上游浓度达不到检漏标准的情况应采用人工发尘的方法增加上游浓度。对过滤器下游采用扫描法或全效率法进行检漏测试。

7.4 现场检测及评价方法分析

7.4.1 数据来源

本节汇总整理了生产企业提供的产品样品以及在日常检测活动中的数据，并对现场检测出现的问题及相关评价方法进行分析。

就箱体气密性测试而言，所测试的 145 件样品均采用压力衰减法进行测试，其中有 22 件样品是在正压工况下进行测试，有 128 件样品是在负压工况下进行测试，有 5 件样品是在正压及负压工况下均进行测试。就排风高效过滤器检漏测试而言，对测试的 262 件风口式排风高效过滤装置及 145 件管道式排风高效过滤装置均采用了扫描法进行检测。

7.4.2 现场检测数据

1. 管道式排风高效过滤装置气密性检测

通过汇总 145 件样品现场检测数据，得出管道式排风高效过滤装置气密性测试合格率，具体数据及分布情况见表 7.4.2。

管道式排风高效过滤装置气密性合格率对比 **表 7.4.2**

测试工况	测试总量（个）	结果类型	是否符合小时泄漏率 0.25%标准			是否符合分钟泄漏率 0.1%标准		
			数量（个）	单项所占比例（%）	总合格比例（%）	数量（个）	单项所占比例（%）	总合格比例（%）
正压	22	正值	16	73	87	19	86	100
		负值①	3	14		3	14	
负压	128	正值	55	43	64	101	79	100
		负值	27	21		27	21	

① 某些情况下，泄漏率的计算结果可能出现负值，负值的产生主要来自于两个原因：一是所测样品气密性很好，泄漏率指标很低，此时压力以及温度测量误差的影响可能导致计算结果产生负值；二是由于不锈钢产品并非绝对的刚性材料，因此在测试过程的压力变化过程中，可能产生难以察觉的微小形变，导致装置净容积发生变化。但无论是上述两个原因中的哪一个，均表示所测样品泄漏率指标远低于指标限值要求，因此，虽然测试过程无法给出准确的泄漏率数值，但仍不影响做出该测试样品泄漏率指标符合限值要求的结论。

从表7.4.2可以看出：

（1）在检测的145个管道式排风高效过滤装置中，如按照符合小时泄漏率0.25%的要求来进行对比，采用正压工况测得的数据的合格率要高于采用负压工况测得的合格率。

（2）在检测的145个管道式排风高效过滤装置中，所有测试产品均符合分钟泄漏率0.1%的要求。

（3）在检测的145个管道式排风高效过滤装置中，在负压工况下测得的泄漏率出现负值的概率要比在正压工况下测得的泄漏率出现负值的概率要高。

2. 排风高效过滤器检漏

对262件风口式排风高效过滤装置及145件管道式排风高效过滤装置的排风高效过滤器的初测检漏结果分别进行统计，测试过程中均采用扫描法进行检测，结果如图7.4.2-1和图7.4.2-2所示。

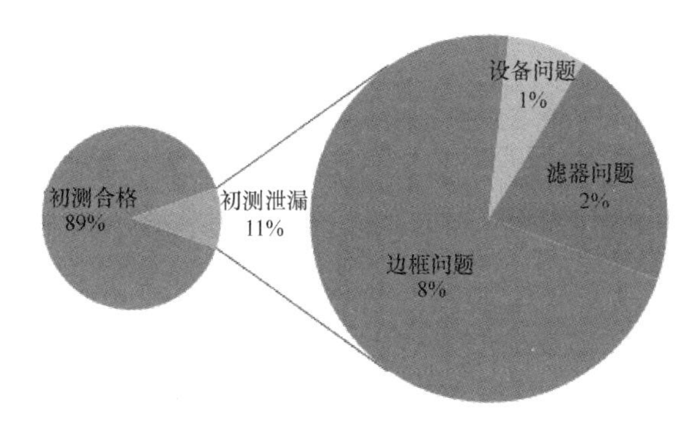

图7.4.2-1　风口式排风高效过滤装置排风高效过滤器初测检漏合格率分布情况

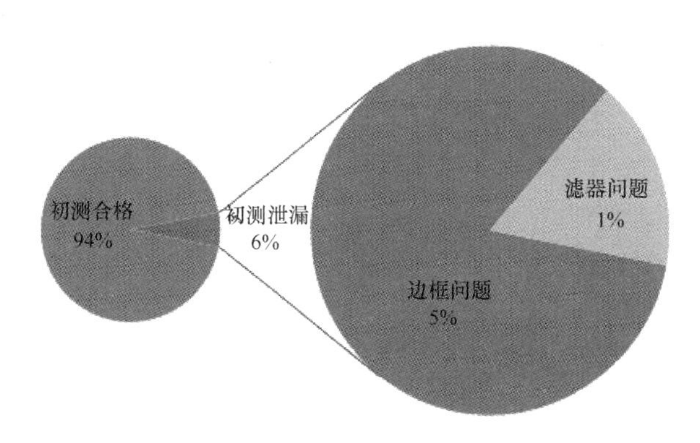

图7.4.2-2　管道式排风高效过滤装置排风高效过滤器初测检漏合格率分布情况

从图7.4.2-1和图7.4.2-2可以看出：

（1）风口式排风高效过滤装置排风高效过滤器初测检漏合格率为89%、管道式排风高效过滤装置排风高效过滤器初测检漏合格率为94%。可见，风口式排风高效过滤装置及管道式排风高效过滤装置排风高效过滤器检漏合格率均达到90%左右，并且经过排查处理，复测均合格。

（2）管道式排风高效过滤装置排风高效过滤器初测检漏合格率高于风口式排风高效过滤装置，其设备的工艺及安装效果要比风口式排风高效过滤装置好些。

（3）图中的设备问题，指的是设备检测管路问题及设备本身结构造成泄漏，检测过程中发现部分风口式排风高效过滤装置在安装一段时间后检测孔的管路内有积灰，部分检测设备结构不太合理，造成扫描探头移动过程中造成检测管路憋死现象。管道式排风高效过滤装置在检测过程中并未出现上述现象。

（4）风口式排风高效过滤装置及管道式排风高效过滤装置排风高效过滤器初测泄漏情况主要集中在边框问题上，主要是由于安装过程中人为因素造成的，人工操作不到位，以致边框未能很好地压紧或出现微小的错位现象，造成泄漏。还有小部分是由于设备本身边框有微小变形，制造工艺不太成熟造成。

（5）风口式排风高效过滤装置及管道式排风高效过滤装置排风高效过滤器初测泄漏情况中的滤器问题，主要是由于安装过程中人为因素造成的，人工操作不到位，部分工人用手接触到滤芯本身，造成破坏性损坏，造成泄漏。还有小部分是由于滤芯本身质量不过关，出厂或运输途中造成损坏。

7.5 探讨

以上对262件风口式排风高效过滤装置及145件管道式排风高效过滤装置的相关数据汇总整理，通过结果分析可以得出排风高效过滤装置的运行现状。以下总结了实际检测过程中出现的问题及针对性的解决方法：

（1）在检测的145个管道式排风高效过滤装置的气密性中，如按照符合小时泄漏率0.25%的要求来进行对比，采用正压工况测得的数据的合格率要高于采用负压工况测得的合格率。管道式排风高效过滤装置正常运行时其内部处于负压状态，即使有泄漏，也不会造成危害，只有当工作状态异常即出现正压状态时，其风险才会存在，测试正压状态下的管道式排风高效过滤装置的气密性也具有一定的实际意义，建议在现场检测时同时进行正、负压状态的检测。

（2）在检测的145个管道式排风高效过滤装置中，所有测试产品均符合分钟泄漏率0.1%的要求。表明我国的施工及工艺水平已达到一定程度，但如果采用小时泄漏率0.25%标准来要求，正压状态下合格率为87%，负压状态下合格率仅为64%，依据我国目前状况来看，现场检测采用分钟泄漏率0.1%的标准是最合理的选择。

（3）风口式排风高效过滤装置及管道式排风高效过滤装置排风高效过滤器初测泄漏情况主要集中在边框问题上，需要施工单位对现场施工人员的操作应做更为严格的要求，规范操作，减少人为因素造成的泄漏。

（4）对排风高效过滤器进行检漏测试时发现，排风高效过滤器检漏方法以扫描方式为主，效率法检测占很小的比例。需要注意的是，效率法是通过分别测试高效过滤器上、下游离子浓度后通过计算得出，因此要求测试点的位置能够代表过滤器上、下游空气混匀后的浓度，但目前市场上的产品均未对测试点的均匀性进行过测试，易对测试结果造成偏差。因此，一旦采用效率法，应按照《生物安全实验室建筑技术规范》GB 50346—2011在过滤器下游混合均匀处设置采样点。全效率法检漏测试在测试精度上相比于扫描检漏测试有着明显的不足，以高级别生物安全实验室为代表的高风险控制环境，应在风险评估的基础上，审慎确定该方法的适用范围与条件。

7.6 结论

（1）对于管道式排风高效过滤装置气密性测试，采用正压工况测得的数据的合格率要高于采用负压工况测得的合格率，且当工作状态异常即出现正压状态时，其风险才会存在，测试正压状态下的管道式排风高效过滤装置的气密性也具有一定的实际意义，建议在现场检测时同时进行正、负压状态的检测。

（2）依据我国目前工艺水平，并与加拿大相关规范对比发现，现场检测采用分钟泄漏率0.1%的标准是较合理的选择。

（3）施工时的人为因素对排风高效过滤器安装效果影响很大，建议施工单位对现场施工人员的操作应做更为严格的要求，规范操作，减少人为因素造成的泄漏。

（4）虽然可进行效率法检漏的排风高效过滤装置使用率很低，但一旦使用，需要按照《生物安全实验室建筑技术规范》GB 50346—2011在过滤器下游混合均匀处设置采样点，对测试点的均匀性进行过测试（由设备厂家提供自检报告）。

本章参考文献

[1] 国家认证认可监督管理委员会．实验室设备生物安全性能评价技术规范 RB/T 199—2015 [S]．北京：中国标准出版社，2016.

[2] The Intenational Organization for Standardization. ISO Standard 14644 Cleanrooms and associated controlled environments －part 7：Separative devices（clean air hoods，gloveboxes，isolators and mini-environments）[S]. Swizerland：The International Organization for Standardization.，2004.

[3] 全国实验动物标准化技术委员会．实验动物　环境及设施 GB 14925—2010 [S]．北京：中国标准出版社，2011.

[4] 中国建筑科学研究院．实验动物设施建筑技术规范 GB 50447—2008 [S]．北京：中国建筑工业出版社，2008.

[5] 中国核工业总公司．密封箱室密封性分级及其检验方法 EJ /T 1096—1999 [S]．北京：中国标准出版社，2009.

[6] 曹国庆，许钟麟，张益昭等．洁净室气密性检测方法研究——国标《洁净室施工及验收规范》编制组研讨系列课题之八 [J]．暖通空调，2008，38（11）：1-6.

[7] 曹国庆等．高级别生物安全实验室围护结构气密性测试的几点思考 [J]．暖通空调，2016，46（12）：74-79.

[8] 中国合格评定国家认可委员会．《实验室生物安全认可准则对关键防护设备评价的应用说明》CNAS－CL53：2014 [S] 2014.

[9] 中国建筑科学研究院．生物安全实验室建筑技术规范 GB 50346—2011 [S]．北京：中国建筑工业出版社，2011.

[10] 中国合格评定国家认可中心．实验室　生物安全通用要求 GB 19489—2008 [S]．北京：中国标准出版社，2009.

第 8 章　正压防护服

8.1　正压防护服的用途及工作原理

8.1.1　正压防护服的用途

正压防护服是指将人体全部封闭、用于防护有害生物因子对人体伤害、正常工作状态下内部压力不低于环境压力的服装。与一般的防护服不同，正压防护服主要用于正压服型的生物安全四级实验室。在该类型的实验室内，主要进行对具有高危害性的实验操作，操作对象一般为对人体具有高度个体危害性和高度群体危害性的致病因子或者病原体，例如埃博拉病毒，这些病原体能引起严重疾病，并且会通过气溶胶等途径进行个体之间的传播，对感染一般没有有效的预防和治疗措施。可见，在生物安全四级实验室内进行实验的实验人员，其身体任何部位的暴露，包括头部、面部、身体、手脚以及呼吸系统等，都潜伏着巨大的高危感染风险，因此在正压服型的生物安全四级实验室内，由Ⅱ级生物安全柜和具有生命支持供气系统的正压防护服组成的防护屏障提供对实验人员的个人防护。

正压防护服的主要特点是防护服内的气体压力高于环境的气体压力，以此来隔断在污染区内实验人员暴露在气溶胶、放射性尘埃以及喷溅物、意外接触等造成的危害。在此基础上，为满足实验人员在实验过程中的操作要求，正压防护服还应具备穿着舒适、方便移动、面罩视线明亮、鞋底防滑、呼吸顺畅等功能。

目前我国已建成若干个生物安全四级实验室，均采用正压防护服作为首选的个体防护装备，因此对正压防护服的工作原理以及指标检测要深入进行了解和规范，为日后进一步提高我国生物安全水平奠定坚实的基础。

8.1.2　正压工作服的形式及工作原理

1. 正压防护服的基本构成

正压防护服主要由防护服主体、头套、防护手套、手套圈、防护靴、气密拉链、流量调节阀、气体分布管路、气流分配器、单向排气阀和检测口等组成。其中，防护服主体、头套、防护手套、手套圈、防护靴作为防护服主体起到对实验人员的隔离保护作用；气密拉链保证正压服的气密性；流量调节阀、气体分布管路、气流分配器、单向排气阀起到对供气流量、均匀性及人员舒适的作用；检测口主要用于对正压服气密性及压力的检测。其结构示意图如图 8.1.2-1 所示，实体图及相应的局部实体图如图 8.1.2-2～图 8.1.2-11 所示。不同国家及不同厂家生产的正压防护服会在局部细节的设计和安装上存在不同，但大体结构基本相同。

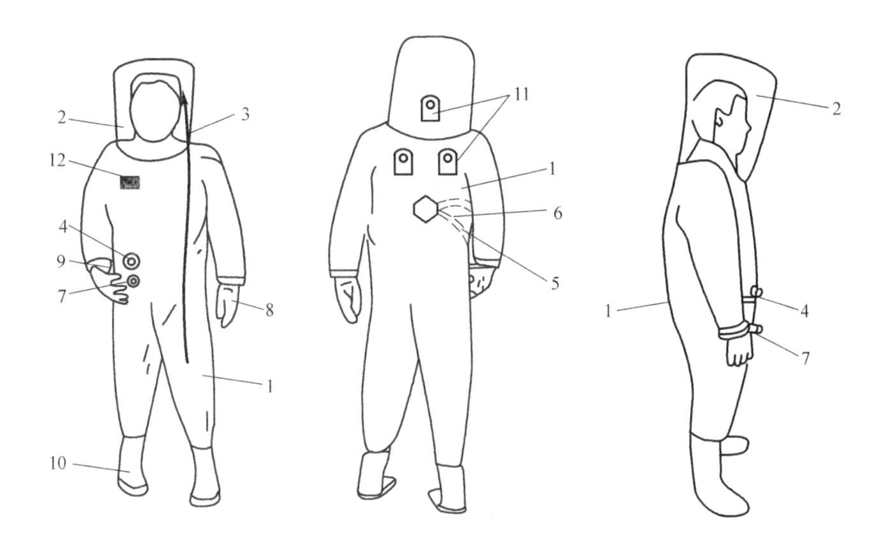

图 8.1.2-1　正压防护服基本结构示意图

1—防护服主体；2—头套；3—气密拉链；4—流量调节阀；5—气体分布管路；6—气流分配器；7—检测口；8—防护手套；9—手套圈；10—防护靴；11—单向排气阀

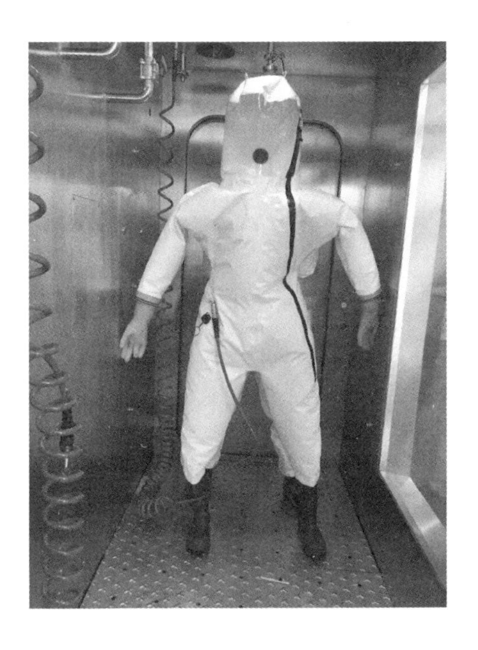

图 8.1.2-2　正压防护服实体图

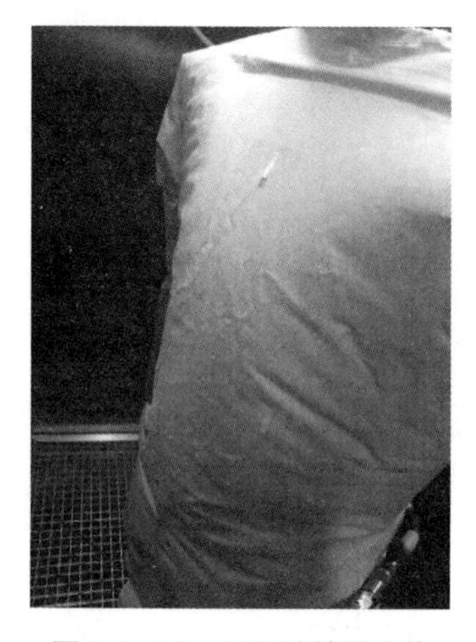

图 8.1.2-3　正压防护服主体

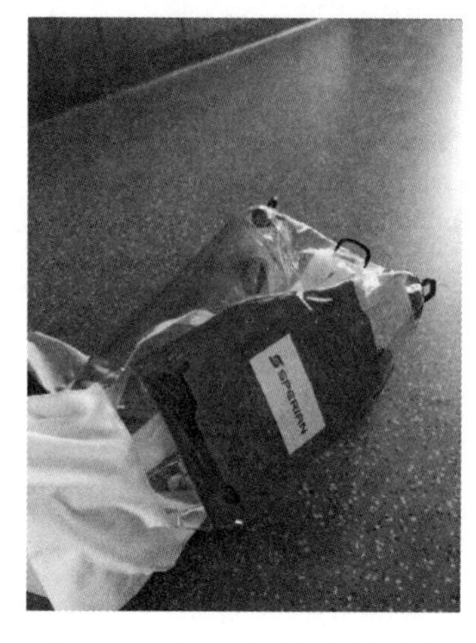

图 8.1.2-4　正压防护服头套

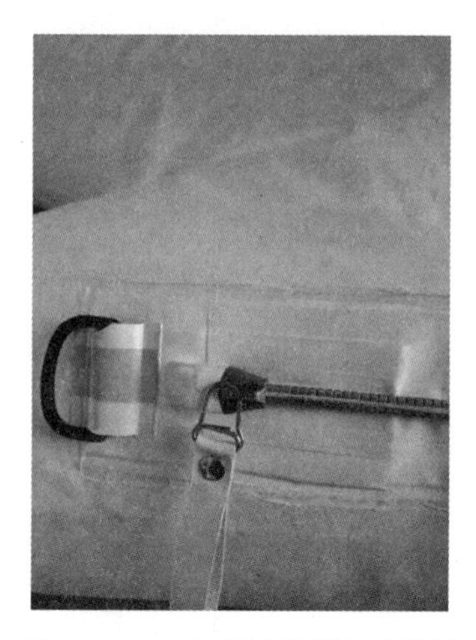

图 8.1.2-5　正压防护服气密拉链

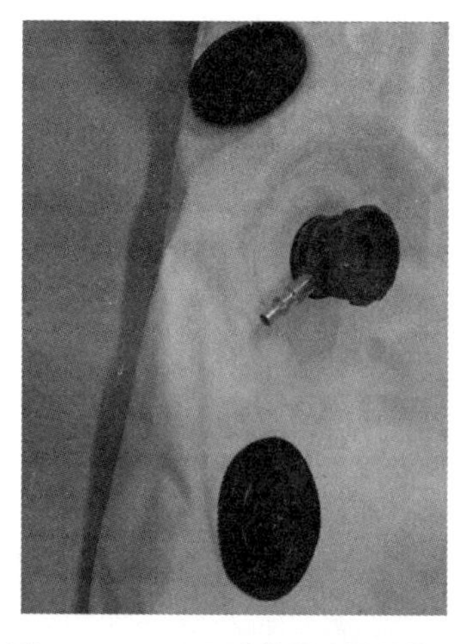

图 8.1.2-6　正压防护服流量调节阀

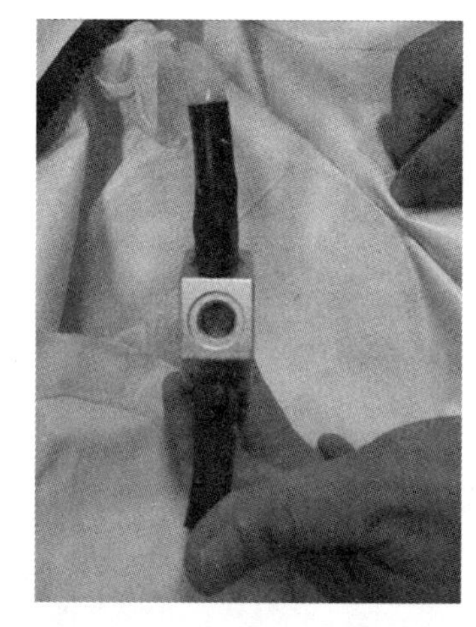

图 8.1.2-7　正压防护服管路分配器

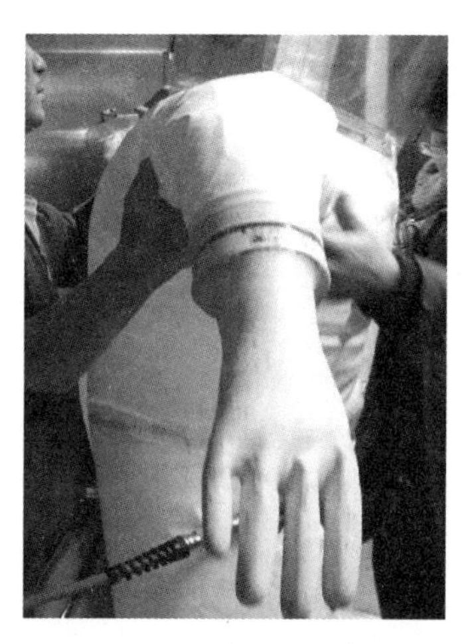

图 8.1.2-8　正压防护服气手套

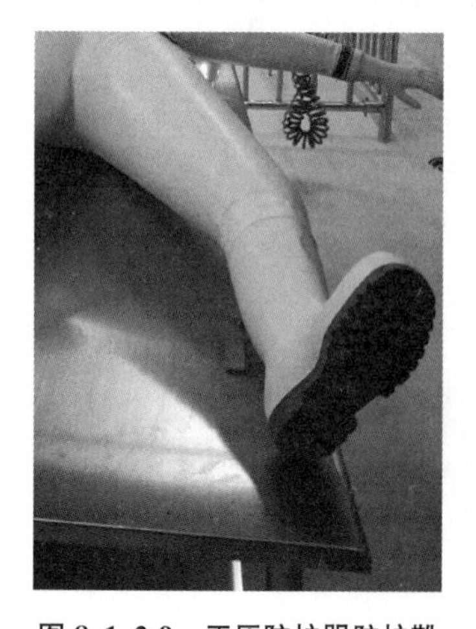

图 8.1.2-9　正压防护服防护靴

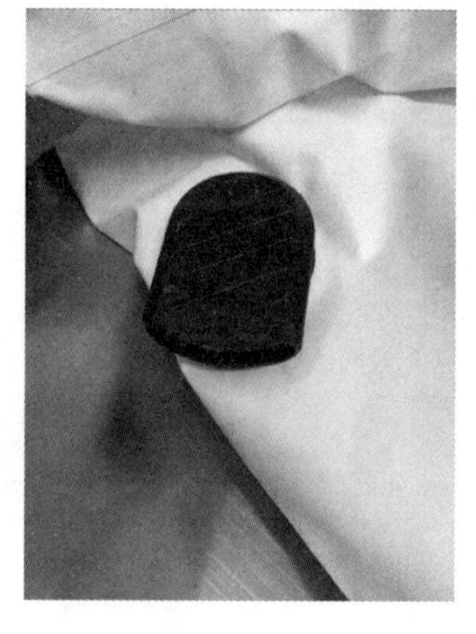

图 8.1.2-10　正压防护服单向排气阀

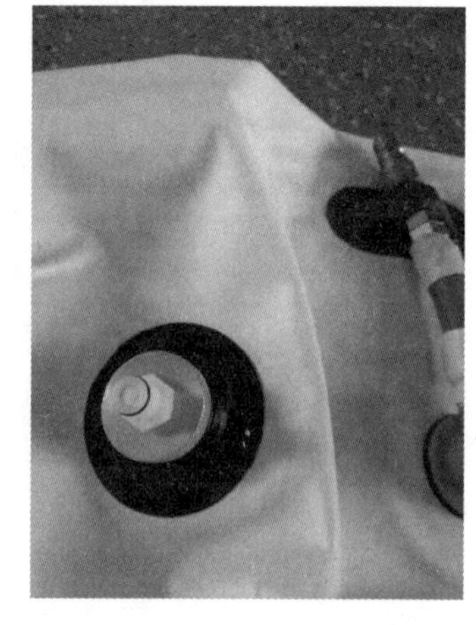

图 8.1.2-11　正压防护服检测口

2. 正压工作服的类型及工作原理

正压防护服主要类型有两种：压缩气源式和移动式。

压缩气源式正压防护服又称为长管式正压防护服，如图 8.1.2-2 所示，其主要特点是向防护服内接入压缩空气进行供气，以保持防护服内的正压。在生物安全四级实验室内，压缩空气由生命支持系统进行输送。在实验室内防护区的不同位置，设计并安装自房间顶部生命支持系统总管接入、独立供气的空气软管，如图 8.1.2-12 和图 8.1.2-13 所示，实验人员选择与自己相近的软管与自身防护服相连接，连接接头为气密性快装接头，带有 HEPA 过滤器和止回阀，保证空气只进不出，并且可以通过流量调节阀进行供气量的调节，如图 8.1.2-14 和图 8.1.2-15 所示。

图 8.1.2-12　化学淋浴内供气软管

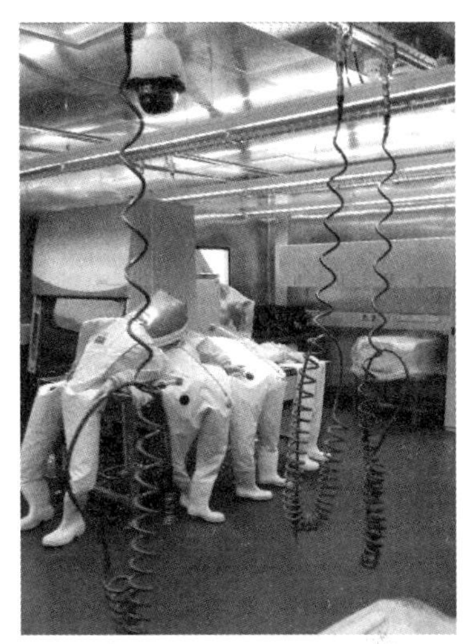

图 8.1.2-13　实验室内供气软管

图 8.1.2-14　软管供气接头

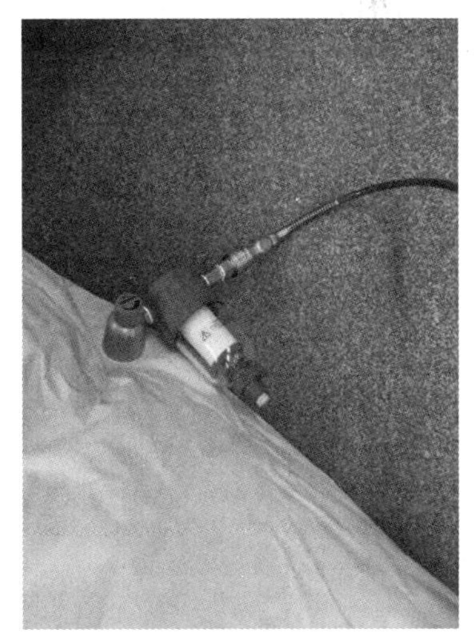

图 8.1.2-15　供气连接头

移动正压防护服与压缩空气式正压防护服在结构上基本一致，不同之处是该类型防护服不接入压缩空气，而是靠自身所携带的风机进行供气，如图 8.1.2-16～图 8.1.2-20 所示，风机内装有电池和过滤单元，保证持续工作及供入洁净空气。该类型的正压服不受供气管道和气源的限值，活动范围较大，不仅可以在实验室内进行实验操作，还可以进行野外作业。并且，压缩空气式正压防护服由于需要接入额外的压缩空气，会对实验内的负压造成影响，产生压力波动，而移动式正压防护服不存在类似问题。随着风机和电池性能的提高以及过滤单元的优化，移动式正压防护服的安全性和可靠性将进一步增强，并将成为日后生物安全防护的重要发展方向。

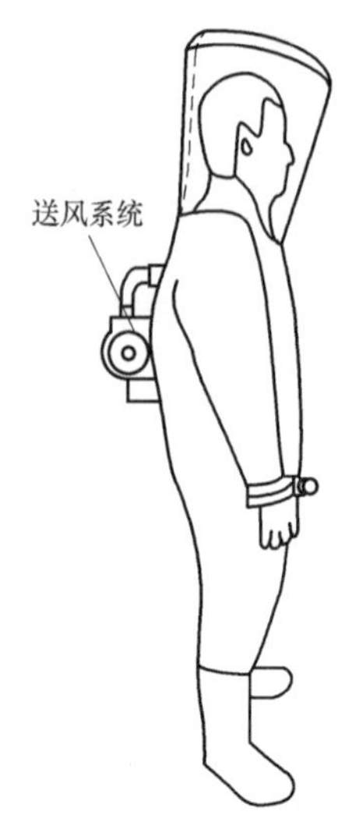

图 8.1.2-16　移动式正压防护服示意图

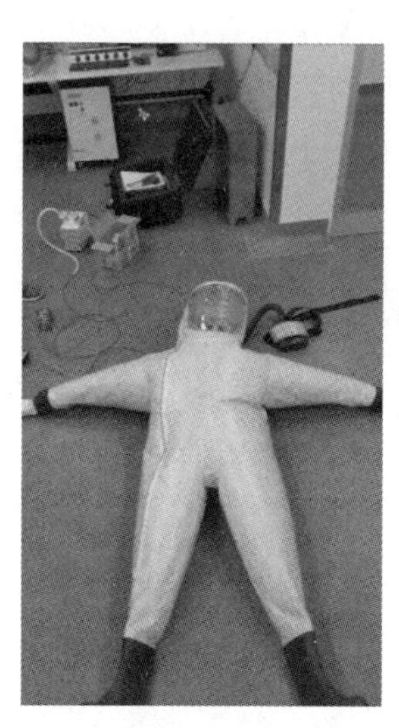

图 8.1.2-17　移动正压防护服实体图

图 8.1.2-18　电动送风机（1）

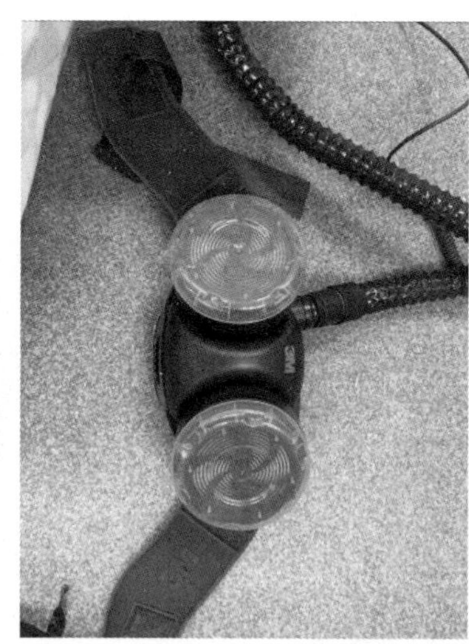

图 8.1.2-19　电动送风机（2）

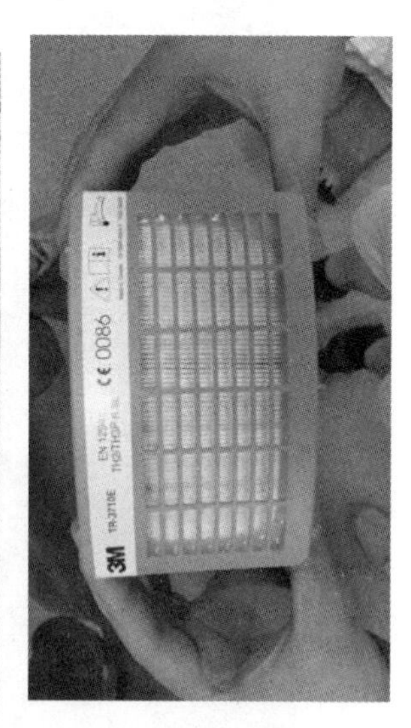

图 8.1.2-20　高效过滤单元

8.2　国内外现状

目前，国外对正压防护服的研究较为领先，在防护服的工艺以及材料性能上具有指导性，例如美国某公司和德国某公司生产的正压服。国产的正压防护服主要来自军事医学科学院。以上三种品牌的正压服及铭牌型号如图 8.2-1～图 8.2-3 所示。

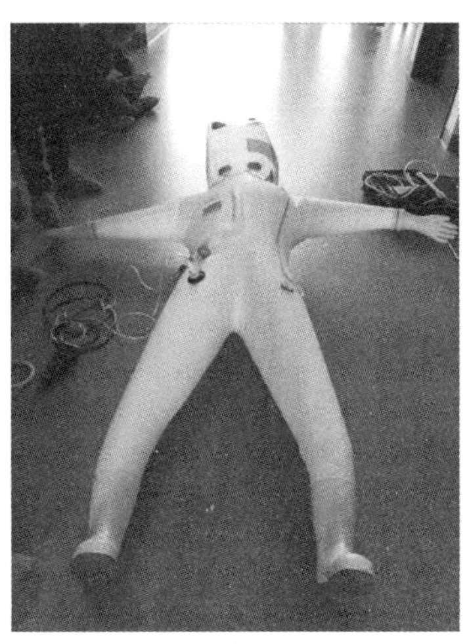

图 8.2-1　美国某公司正压防护服

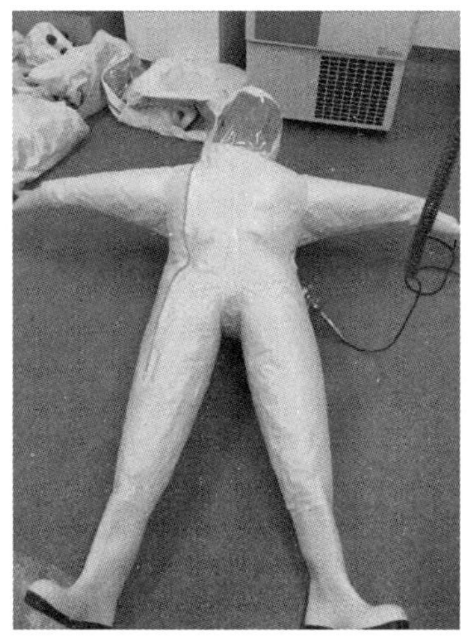

图 8.2-2　德国某公司正压防护服

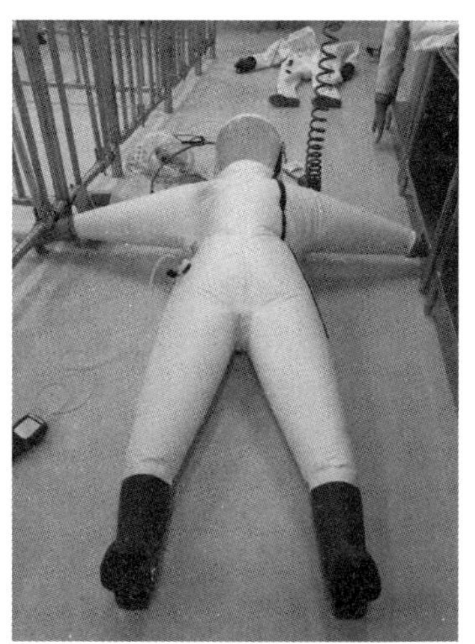

图 8.2-3　军事医学科学院正压防护服

8.3　性能指标及检测方法

目前，国外用于评价正压防护服性能的标准有欧洲标准《防护服一般要求》EN340：2003《供气式正压防护服的要求及检测方法》、EN1073-1：1998；我国用于评价正压防护服性能的标准有《实验室设备生物安全性能评价技术规范》RB/T 199—2015，另外《生物安全实验室建筑技术规范》GB 50346—2011 对于正压防护服的个别性能指标也有所提及。为了能够充分验证正压防护服对实验人员的隔离保护作用以及人员操作的舒适性，上述规范对正压防护服的相关性能制定了检测项目并且给出了相应的检测方法。

目前，国内对正压防护服的检测主要依照《实验室设备生物安全性能评价技术规范》RB/T 199—2015，检测项目至少包括外观及配置检查和性能检测。外观及配置检查包括标识和防护服表面整体完好性；性能检测项目通常包括正压防护服内压力、供气流量、气密性、噪声。使用 TSI 9565-P 型多功能精密风速仪（压力计）、流量计、1350A 声级计及 237B 型尘埃粒子计数器对上述项目进行现场实际检测。相关测试方法及评价结果见表 8.3-1。图 8.3-1～图 8.3-3 所示为部分项目现场实测照片。

《实验室设备生物安全性能评价技术规范》RB/T 199—2015 中关于正压防护服的检测要求

表 8.3-1

检测时机	检测项目	检测方法或步骤	评价指标
投入使用前/更换过滤器或内部部件维修后/定期的围护测试	外观及配置检查	目视检查	（1）标识：清晰可见，包括使用者姓名、商标或生产商、产品型号、识别号、模式号等。 （2）防护服表面整体完好性：包括拉链完好、开闭顺滑；整体不应有撕裂、脱胶、孔洞或严重磨损；面罩视窗无磨损、视觉效果良好

续表

检测时机	检测项目	检测方法或步骤	评价指标
投入使用前/更换过滤器或内部部件维修后/定期的围护测试	正压服内压力	应将正压防护服放置在室温下(20±5)℃至少1h后才能进行测试。测试时要远离热源或空气流,将皱褶和折叠的部分展开,按照产品说明书要求进行检测	正压防护服内压力应满足产品说明书要求
	供气流量	应将正压防护服放置在室温下(20±5)℃至少1h后才能进行测试。测试时要远离热源或空气流,将皱褶和折叠的部分展开,按照产品说明书要求进行检测	供气流量应满足产品说明书要求
	气密性	(1)在测试前,按照产品说明书放置防护服,确保其可以无阻力充气,远离热源或气流。 (2)拉开正压服拉链,封闭排气口。将测试装置连接到测试口,拉紧防护服拉链。 (3)连接气源对防护服缓慢加压至1250Pa,保持压力在1250Pa至少5min,以确保防护服完全充气、气温稳定。5min后,断开空气供给管路,将压力调整为1000Pa,关闭阀门,测试4min。在测试过程中严禁触碰防护服,否则将破坏其内部压力。4min后,检查压力表	密性应满足正压防护服内压力保持1000Pa的情况下,在4min后压力下降小于20%。
	噪声	将正压防护服供气流量调到最大时,测试正压防护服内噪声	噪声应满足产品说明书要求

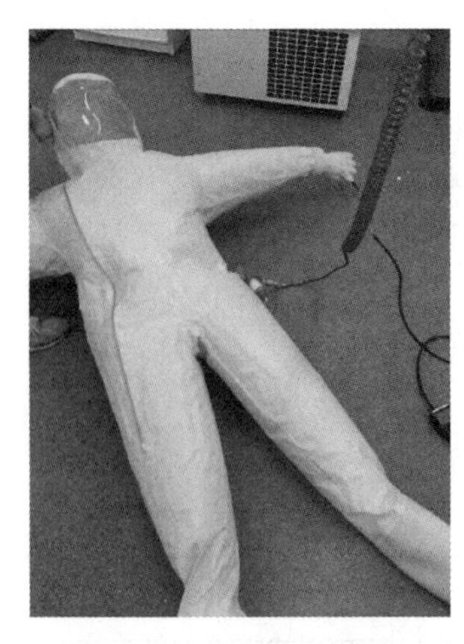

图 8.3-1　压力现场检测

图 8.3-2　气密性现场检测

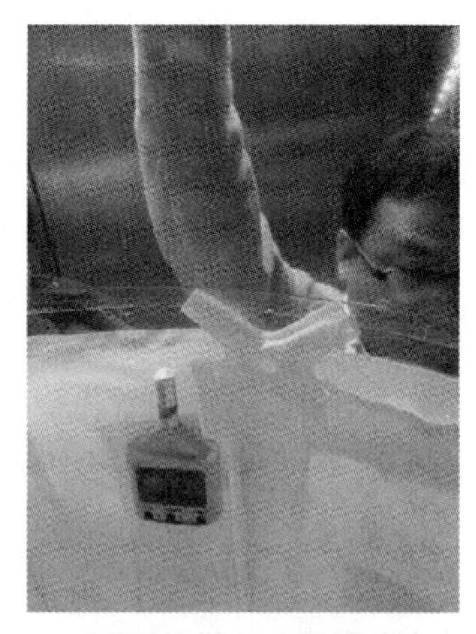

图 8.3-3　噪声现场检测

8.4　正压防护服现场调研结果分析

2016年，对国内三个生物安全四级实验室（实验室A、实验室B、实验室C）内的共计 42 套正压防护服进行了现场检测，此次调研的正压防护服厂家及数量分布见表 8.4 和图 8.4-1～图 8.4-4。

调研正压服的数量分布　　　　表 8.4

实验室	数量			类型	
	美国某品牌	德国某品牌	国产	压缩空气式	移动式
A	2	—	—	2	—
B	15	—	3	18	—
C	—	22	—	20	2

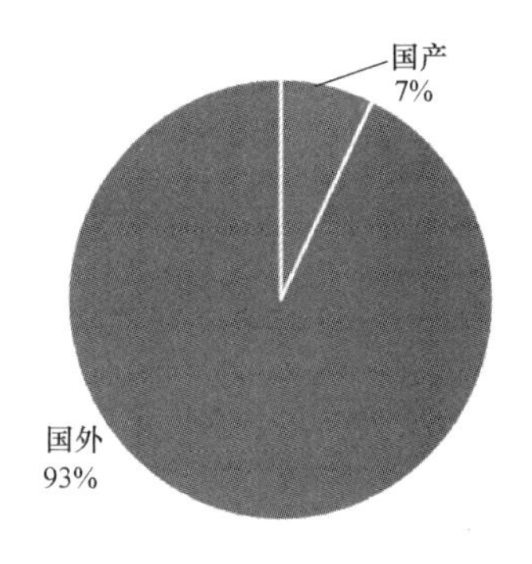

图 8.4-1　调研正压服国内厂家外分布情况

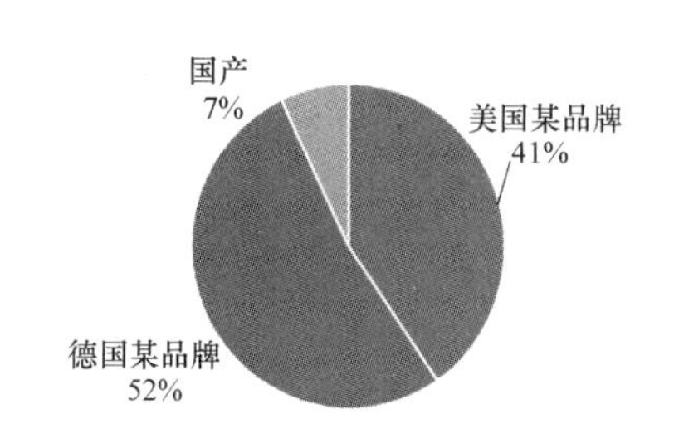

图 8.4-2　调研正压服品牌分布情况

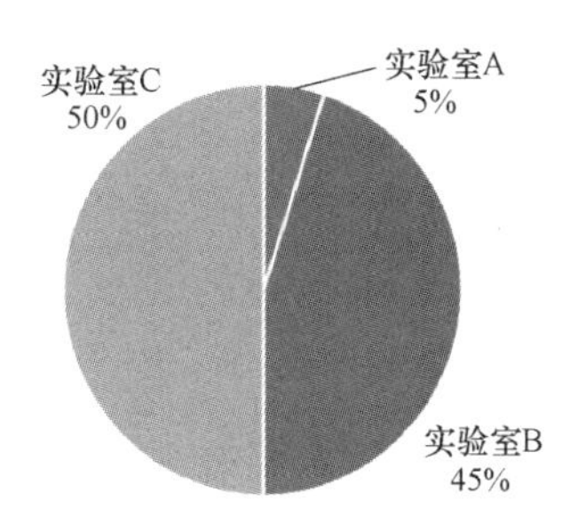

图 8.4-3　调研正压服实验室分布情况

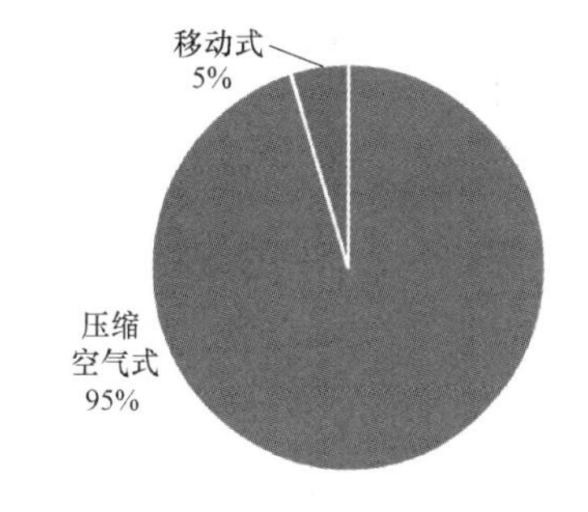

图 8.4-4　调研正压服类型分布情况

8.4.1　正压防护服外观及配置检查调研结果

所测 42 套正压防护服均满足标识清晰可见，包括使用者姓名、商标或生产商、产品型号、识别号、模式号及防护服表面整体完好性，包括拉链完好、开闭顺滑；整体不应有撕裂、脱胶、孔洞或严重磨损；面罩视窗无磨损、视觉效果良好。该检测项合格率为 100%。

8.4.2　正压防护服内压力调研结果

对除移动式正压服除外的 40 套压缩空气式正压防护服进行运行压力测试，测试时，将生命支持系统的供气软管接入正压防护服进行充气，将压力表通过手套处接入防护服进行压力的测试，调节防护服上的流量调节阀，可以得到最大流量下和最小流量下的防护服内压力。《实验室设备生物安全性能评价技术规范》RB/T 199—2015 中提出正压防护服内压力应满足产品说明书要求，例如，军事医学科学院的正压防护服说明书中提到压力不小于 80Pa；《供气式正压防护服的要求及检测方法》EN1073-1：1998 中提出，使用时防护服内应持续保持一定正压，并且压力不应大于 1000Pa，该项指标一般用于评价动态测试，即人员穿着正压服时的测试。对三个生物安全四级实验室中正压防护服的压力测试结果见表 8.4.2，对比分析图见图 8.4.2-1 和图 8.4.2-2。

调研正压服内压力统计结果 **表 8.4.2**

实验室	正压服序号	厂家	防护服内压力(Pa)	
			最大流量	最小流量
A	1	美国某品牌	—	+289(对室内)
	2	美国某品牌	—	+288(对室内)
B	1	军事医学科学院	+313(对室内)	+145(对室内)
	2	军事医学科学院	+279(对室内)	+137(对室内)
	3	军事医学科学院	+303(对室内)	+145(对室内)
	4	美国某品牌	+229(对室内)	+149(对室内)
	5	美国某品牌	+226(对室内)	+154(对室内)
	6	美国某品牌	+228(对室内)	+145(对室内)
	7	美国某品牌	+343(对室内)	+185(对室内)
	8	美国某品牌	+227(对室内)	+140(对室内)
	9	美国某品牌	+276(对室内)	+164(对室内)
	10	美国某品牌	+250(对室内)	+151(对室内)
	11	美国某品牌	+253(对室内)	+156(对室内)
	12	美国某品牌	+282(对室内)	+172(对室内)
	13	美国某品牌	+274(对室内)	+148(对室内)
	14	美国某品牌	+254(对室内)	+148(对室内)
	15	美国某品牌	+271(对室内)	+174(对室内)
	16	美国某品牌	+241(对室内)	+142(对室内)
	17	美国某品牌	+267(对室内)	+167(对室内)
	18	美国某品牌	+260(对室内)	+156(对室内)
C	1	德国某品牌	+274(对室内)	+82(对室内)
	2	德国某品牌	+282(对室内)	+106(对室内)
	3	德国某品牌	+314(对室内)	+97(对室内)
	4	德国某品牌	+271(对室内)	+89(对室内)
	5	德国某品牌	+306(对室内)	+101(对室内)
	6	德国某品牌	+307(对室内)	+107(对室内)
	7	德国某品牌	+311(对室内)	+112(对室内)
	8	德国某品牌	+292(对室内)	+103(对室内)
	9	德国某品牌	+262(对室内)	+95(对室内)

续表

实验室	正压服序号	厂家	防护服内压力(Pa)	
			最大流量	最小流量
C	10	德国某品牌	+262(对室内)	+81(对室内)
	11	德国某品牌	+373(对室内)	+143(对室内)
	12	德国某品牌	+352(对室内)	+152(对室内)
	13	德国某品牌	+406(对室内)	+156(对室内)
	14	德国某品牌	+426(对室内)	+160(对室内)
	15	德国某品牌	+401(对室内)	+167(对室内)
	16	德国某品牌	+413(对室内)	+163(对室内)
	17	德国某品牌	+380(对室内)	+156(对室内)
	18	德国某品牌	+380(对室内)	+147(对室内)
	19	德国某品牌	+377(对室内)	+146(对室内)
	20	德国某品牌	+345(对室内)	+147(对室内)

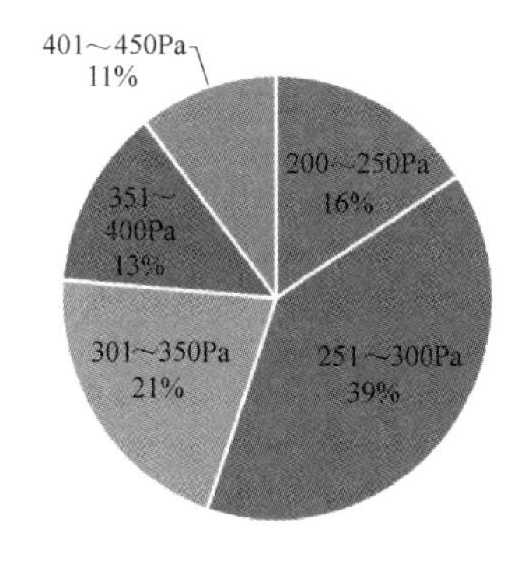

图 8.4.2-1　最大流量下正压服内压力分布情况

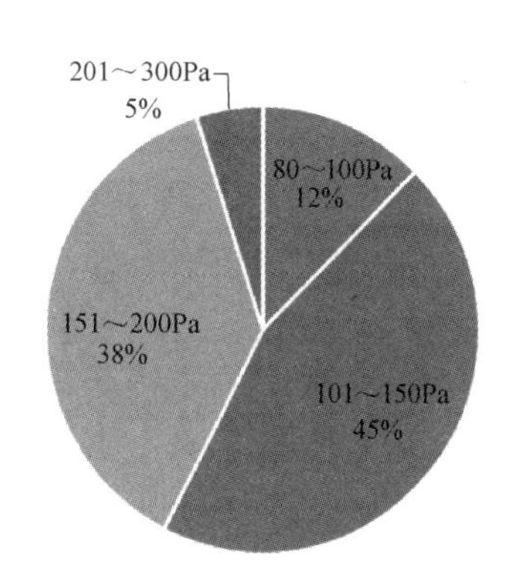

图 8.4-2-2　最小流量下正压服内压力分布情况

通过以上统计图表可以看出，在供气最大流量下，正压防护服内压力在 200～450Pa 之间，其中 251～300Pa 之间的压力分布最多，达到 39%，401～450Pa 之间的压力分布最少，为 11%；在供气最小流量下，正压防护服内压力在 80～300Pa 之间，其中 101～150Pa 之间的压力分布最多，达到 45%，201～300Pa 之间的压力分布最少，为 5%。同时可以发现武汉病毒所中的正压服与哈尔滨兽医研究所中的正压服在最小流量下的压力差别较大，这是由于供气压力不同造成的。以上所测试的正压防护服压力结果均能满足维持防护服内正压以对实验人员起到隔离保护作用的要求。

8.4.3　正压防护服供气流量调研结果

供气流量是保证正压防护服内有能满足人员正常活动及操作的洁净空气量，通过正压服上的流量调节装置，可以在最大流量和最小流量之间调整。测试时，用流量计接入供气软管与正压防护服连接处之间进行测量，也可以用风速仪在防护服内的排气孔处测量风速计算流量，但后者由于操作不便会影响测试结果。《实验室设备生物安全性能评价技术规范》RB/T 199—2015 中提出正压防护服内压力应满足产品说明书要求，例如，军事医学科学院的正压防护服说明书中提到最大供气量不小于 300L/min，即 $18m^3/h$。国外标准对供气流量的大小没有给出明确的要求，《供气式正压防护服的要求及检测方法》EN1073-1：1998 中提出在人员穿着正压服时测试记录最大和最小供气流量。对部分正压防护服进行供气流量测试结果见图 8.4.3-1 和图 8.4.3-2。

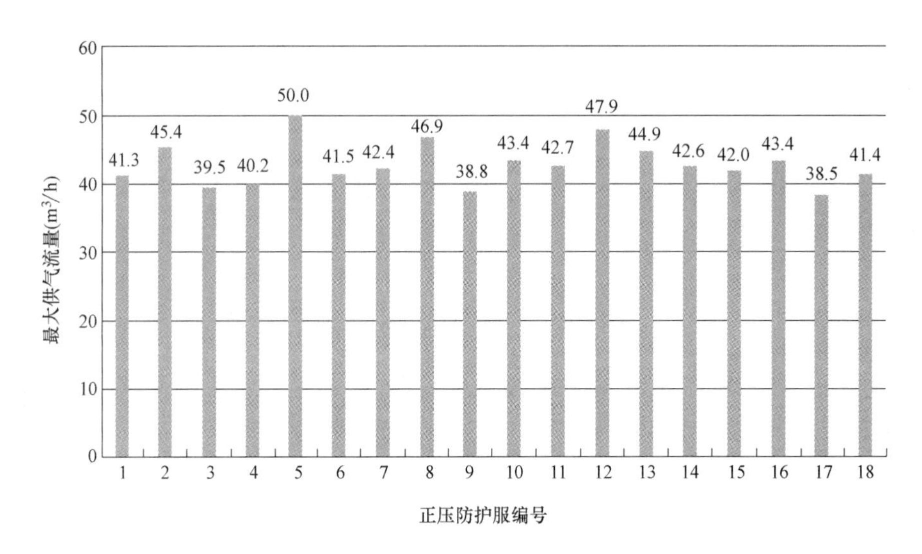

图 8.4.3-1　部分正压防护服最大供气流量统计图

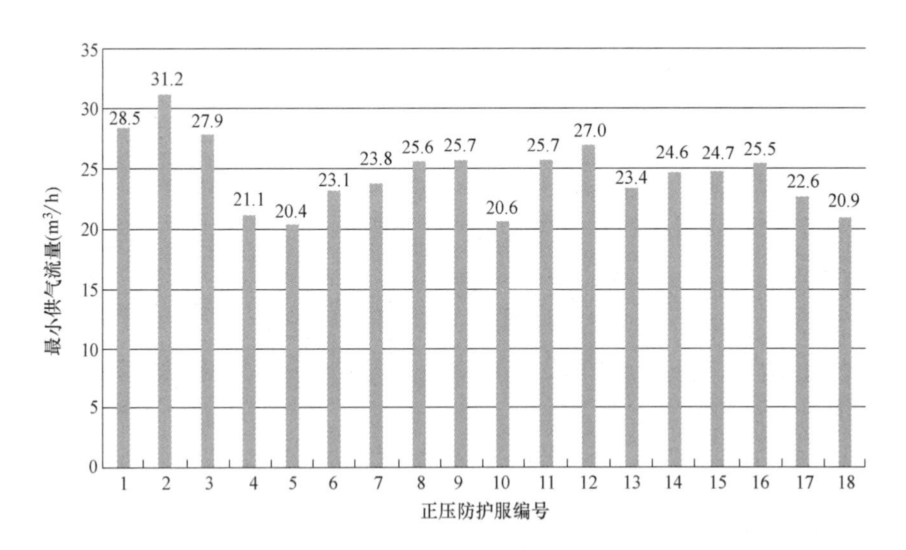

图 8.4.3-2　部分正压防护服最小供气流量统计图

8.4.4　正压防护服气密性调研结果

对 42 套正压防护服进行气密性测试，测试时，拉开正压服拉链，封闭排气口。将测试装置连接到测试口，拉紧防护服拉链。连接气源对防护服缓慢加压至 1250Pa，保持压力在 1250Pa 至少 5min，以确保防护服完全充气、气温稳定。5min 后，断开空气供给管路，将压力调整为 1000Pa，关闭阀门，测试 4min。在测试过程中，严禁触碰防护服，否则将破坏其内部压力。4min 后，检查压力表。《实验室设备生物安全性能评价技术规范》RB/T 199—2015 中提出密性应满足正压防护服内压力保持 1000Pa 的情况下，在 4min 后压力下降小于 20%。对 42 套正压防护服的气密性和压力衰减率统计结果见表 8.4.4-1 和图 8.4.4。国外标准对正压防护服的气密性没有做出明确的要求，而是对“向内泄漏率”（IL，Inward Ieakage）给出了计算方法和评价指标，“向内泄漏率”是指正压服内呼吸区的污染物浓度与室内周围空气中污染物浓度的比值。该项检测是在给正压服持续以最小流量供气的条件下进行，并且主要针对有人员穿着的活动动态。“向内泄漏率”的计算公式见式（8.4.4），其评价指标见表 8.4.4-2。军事医学科学院的正压防护服技术指标中给出了与“向内泄漏率”类似的说法——整体生物气溶胶防护性能，该项性能指标为在最小设计风量下对生物气溶胶的防护率不小于 99.99%。

调研正压服气密性统计结果 **表 8.4.4-1**

实验室	正压服序号	厂家	气密性(Pa)		压力衰减率	气密性是否符合要求
			初始压力	4min 后压力		
A	1	美国某品牌	1000	898	10.2	符合
	2	美国某品牌	1000	889	11.1	符合
B	1	军事医学科学院	1193	1076	9.8	符合
	2	军事医学科学院	1085	953	12.2	符合
	3	军事医学科学院	1134	1055	7.0	符合
	4	美国某品牌	1065	1015	4.7	符合
	5	美国某品牌	1110	943	15.0	符合
	6	美国某品牌	1020	871	14.6	符合
	7	美国某品牌	1057	959	9.3	符合
	8	美国某品牌	1110	970	12.6	符合
	9	美国某品牌	1219	1164	4.5	符合
	10	美国某品牌	1100	1007	8.5	符合
	11	美国某品牌	1150	1015	11.7	符合
	12	美国某品牌	1090	980	10.0	符合
	13	美国某品牌	1000	805	19.5	符合
	14	美国某品牌	1113	935	16.0	符合
	15	美国某品牌	1000	922	7.8	符合
	16	美国某品牌	1010	948	6.1	符合
	17	美国某品牌	1100	993	9.7	符合
	18	美国某品牌	1030	933	9.4	符合
C	1	德国某品牌	1003	1002	0.1	符合
	2	德国某品牌	1052	992	5.7	符合
	3	德国某品牌	1047	1046	0.1	符合
	4	德国某品牌	1066	1058	0.8	符合
	5	德国某品牌	1010	1002	0.8	符合

续表

实验室	正压服序号	厂家	气密性(Pa)		压力衰减率	气密性是否符合要求
			初始压力	4min后压力		
C	6	德国某品牌	1001	905	9.6	符合
	7	德国某品牌	1096	1095	0.1	符合
	8	德国某品牌	1009	985	2.4	符合
	9	德国某品牌	1009	989	2.0	符合
	10	德国某品牌	1009	985	2.4	符合
	11	德国某品牌	1010	900	10.9	符合
	12	德国某品牌	1040	974	6.3	符合
	13	德国某品牌	1023	923	9.8	符合
	14	德国某品牌	1056	1012	4.2	符合
	15	德国某品牌	1007	962	4.5	符合
	16	德国某品牌	1000	869	13.1	符合
	17	德国某品牌	1001	864	13.7	符合
	18	德国某品牌	1013	876	13.5	符合
	19	德国某品牌	1010	919	9.0	符合
	20	德国某品牌	1001	875	12.6	符合
	21	德国某品牌	1015	964	5.0	符合
	22	德国某品牌	1018	995	2.3	符合

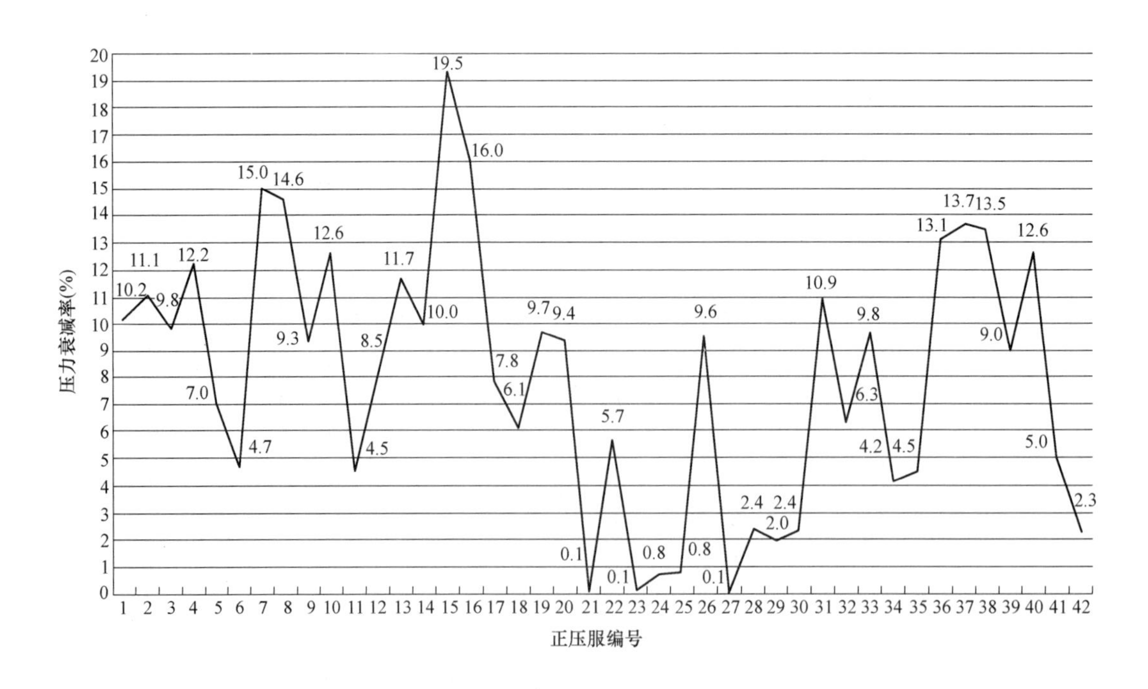

图 8.4.4 调研正压服压力衰减率

$$IL=\frac{C_2}{C_1}\times 100\% \tag{8.4.4}$$

式中 C_1——室内的污染物测试浓度；

C_2——正压服内呼吸区的污染物平均浓度。

正压服向内泄漏率评价指标　　表 8.4.4-2

评价等级	最小流量下的平均最大泄漏率(%)		防护因数
	人员进行一项活动	人员进行一系列活动	
5	0.004	0.002	50000
4	0.01	0.005	20000
3	0.02	0.01	10000
2	0.04	0.02	5000
1	0.10	0.05	2000

8.4.5 正压防护服噪声调研结果

对于穿着正压防护服的操作人员而言，其工作过程中需要极高的专注度，如果噪声过大，会干扰操作人员的思维，容易使其精神无法集中，产生烦恼的感觉，降低工作效率，严重时甚至影响实验数据的准确性。实验人员在穿着正压服时需佩戴降噪耳机，但正压服内的噪声仍是一个较为重要的性能指标。在测试时，将声计仪放置在正压服内头套处，将供气软管接入正压服，测试其最大和小流量时的噪声。《实验室设备生物安全性能评价技术规范》RB/T 199—2015 中提出噪声应满足产品说明书要求，例如，军事医学科学院的正压防护服说明书中提到透明头套内噪声不大于 75dB（A）。《供气式正压防护服的要求及检测方法》EN1073-1：1998 中提出在最大流量下正压服内噪声不大于 80dB（A）。对部分正压防护服的噪声统计结果见图 8.4.5。

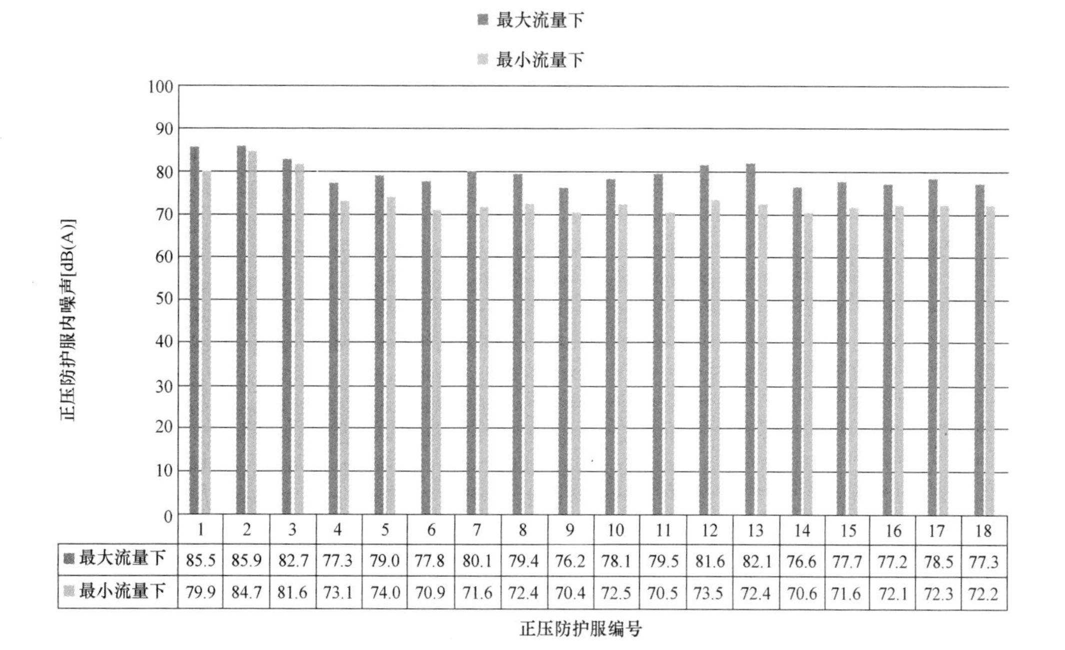

图 8.4.5 部分正压服压力内噪声统计图

从图 8.4.5 可以看出，所测的正压防护服内噪声均较高，部分已经超过相关规范及产品说明书的要求，但需要指出的是，以上数据均在静态下测得，即此时正压服内没有操作人员。在对另一套正压防护服的单独测试中发现，有无人员穿着对噪声的测量结果会存在一定的差异，统计结果见表 8.4.5。有人员穿着时，噪声测试值明显降低，这是因为人体本身存在吸声的作用，可以减小部分噪声。因此，在今后的实际检测过程中，应更多地考虑对正压防护服的动态测试，得出更贴合实际使用时的测试参数，更具指导意义。

正压服在静态和动态下的噪声测试结果　　表 8.4.5

正压防护服编号	厂家	噪声[dB(A)]			
		最大流量		最小流量	
		静态	动态	静态	动态
1	军事医学科学院	88.5	74.6	88.1	69.3

8.4.6　移动正压防护服风机中过滤单元的过滤效率测试调研结果

移动式正压防护服的供气是由自身携带的风机完成的，风机中安装的高效过滤单元是保证正压服内实验人员获取洁净空气的保证，因此需要对其进行测试过滤效率。由于风机的形式和管道的大小，不能进行过滤器下游的扫描检漏，因此采用效率法对送风高效过滤器下游（风机出风侧）进行浓度检测，并对结果进行 95%置信度计算，测试结果应满足过滤器的产品要求。测试时存在一个问题：由于风机安装在高效过滤单元的下游，因此风机的自身产尘会对测试结果造成一定影响。因此在测试时应首先测量下游本底浓度，然后在上游进行发尘，再次测量下游的浓度，以此将误差降至最低。对两套移动式正压防护服的风机高效过滤单元进行现场检测，结果见表 8.4.6。

移动式正压防护服风机过滤单元过滤效率检测结果　　表 8.4.6

正压服序号	过滤单元类型	送风高效过滤器上游平均浓度(粒/2.83L)(0.3～0.5μm)	置信度为 95%的上游浓度下限值(粒/2.83L)	实测送风高效过滤器下游浓度(粒/2.83L)	置信度为 95%的下游浓度上限值(粒/2.83L)	实测送风高效过滤器置信度为 95%的过滤效率
1	3M 呼吸防护系统(安装圆桶过滤器)	191904	191045.4	13.9	23.4	99.99%
2	3M 呼吸防护系统(TR-300)	189480	188626.8	20.1	30.9	99.98%

8.4.7　国内外相关标准中现场验证项目对比

笔者在整理相关资料时发现，国内外相关标准对安全防护服现场测试项目的要求存在一定的差别，表 8.4.7 中汇总整理了《实验室设备生物安全性能评价技术规范》RB/T 199—2015 和《供气式正压防护服的要求及检测方法》EN1073-1：1998 以及 42 套正压服样本在测试过程中所涉及的现场验证项目。

不同规范对现场检测项目及要求　　表 8.4.7

测试项目	RB/T 199—2015	EN1073-1:1998	受试样本现场主要验证项目
外观及配置检查	●	●	●
正压服内压力	●	●	●
供气流量	●	●	●
气密性	●	●	●
噪声	●	●	●
正服材料抗性	○	◎	—
向内泄漏率	○	◎	—
缝合强度	○	◎	—
正压服视线	○	◎	—
供气系统	○	◎	—
呼吸供气管道	○	◎	—
气流报警装置	○	◎	—
供气流量调节阀	○	◎	—
排气装置	○	◎	—
二氧化碳浓度	○	◎	—

注：●为规范中列入现场验证的项目或现场需验证项目；
○为规范中未提及且未列入现场验证的项目；
◎为规范中有提及但未列入现场验证项目或现场未验证项目。

需要注意的是，《供气式正压防护服的要求及检测方法》EN1073-1：1998 中提到的大部分检测项目均为动态检测项目，而《实验室设备生物安全性能评价技术规范》RB/T 199—2015 中的检测项基本为静态检测项目。

8.4.8　小结

以上对正压防护服的结构、形式、厂家、工作原理做了详细介绍，并调研了已进行现场检测的 42 套样本正压服，对规范中提及的检测项目进行分类统计汇总，以图表的形式进行展示，并佐以国内外两本规范对相关性能指标进行评价：

(1) 对 42 套样本正压服进行外观及配置检查，所测 42 套正压防护服均满足标识清晰可见，包括使用者姓名、商标或生产商、产品型号、识别号、模式号及防护服表面整体完好性，包括拉链完好、开闭顺滑；整体没有撕裂、脱胶、孔洞或严重磨损；面罩视窗无磨损、视觉效果良好。该检测项合格率达 100%。

(2) 对除移动式正压服除外的 40 套压缩空气式正压防护服进行运行压力测试，所测试的正压防护服压力结果均能满足维持防护服内正压以对实验人员起到隔离保护作用的要求。

(3) 对部分正压防护服的供气流量进行测试，均具备可调节功能，测得每套正压服的最大供气流量和最小供气流量。测试时，用流量计接入供气软管与正压防护服连接处之间进行测量，也可以用风速仪在防护服内的排气孔处测量风速计算流量，但后者由于操作不便会影响测试结果。

（4）对42套正压防护服进行气密性测试。测试时，拉开正压服拉链，封闭排气口，将测试装置连接到测试口，拉紧防护服拉链。连接气源对防护服缓慢加压至1250Pa，保持压力在1250Pa至少5min，以确保防护服完全充气、气温稳定。5min后，断开空气供给管路，将压力调整为1000Pa，关闭阀门，测试4min。经测试，42套正压防护服压力衰减率均小于20%，合格率达100%。

（5）对部分正压防护服进行噪声测试，测量最大流量和最小流量下的噪声值。值得注意的是，对这些防护服的噪声测试均为静态测试，噪声均较高，在对另一套正压防护服的单独测试中发现，有无人员穿着噪声的测量结果会存在一定的差异，有人员穿着时，噪声测试值明显降低，这是因为人体本身存在吸声的作用，可以减小部分噪声。因此，在今后的实际检测过程中，应更多地考虑对正压防护服的动态测试，得出更贴合实际使用时的测试参数，更具指导意义。

（6）对两套移动式正压防护服的风机高效过滤单元进行过滤效率测试，均满足产品要求。

综上所述，本次调研对42套正压防护服进行了测试数据分类统计及汇总，均达到规范及产品说明书的要求；并对国内外规范进行了对比分析，发现在检测项目上，国内规范涉及的方面还有待增加，并且国内规范中提到的检测项目基本为静态检测，而国外规范基本是在人员穿着的动态情况下进行检测，更贴合实际，并且静态和动态在一些检测项目的参数上有明显差别，因此，今后对正压防护服的检测和评价应将动态工况做一定考虑。

8.5 正压防护服的实用性能和使用体验评估

为比较国内与国外正压生物防护服的性能特征，中国农业科学研究院哈尔滨兽医研究所的王栋组织研究团队在高级别生物安全实验室中模拟工作人员工作环境，测试防护服内部压差、进行典型操作并结合人员主观感受对国产、进口两种品牌的正压防护服的实用性能和使用体验进行了评估，为今后我国生物安全领域的从业人员在正压生物防护服的选购、使用等方面提供了指导意见。

8.5.1 实验研究

实验采用的正压生物防护服为压缩空气集中式正压生物防护服，国外某品牌防护服在实验中称为A型防护服，国产某品牌的防护服在实验中称为B型防护服，如图8.5.1所示。在中国农业科学院哈尔滨兽医研究所国家动物疫病防控高级别生物安全实验室内进行实验，实验室中生命支持系统的供气压力为0.56MPa，防护服内部的压差采用法国MP100压差计进行检测。

由中国农业科学院哈尔滨兽医研究所的6名生物安全专业的工作人员完成以下步骤的测试。

1. 穿脱方便性

六名使用人员分别在实验室环境下独立穿脱防护服，由记录员记录完全穿上所需时间。不能独立穿脱的人员记录协助穿脱情况，并分析无法独立穿脱的原因。穿脱完毕后，询问员询问穿脱是否存在障碍。

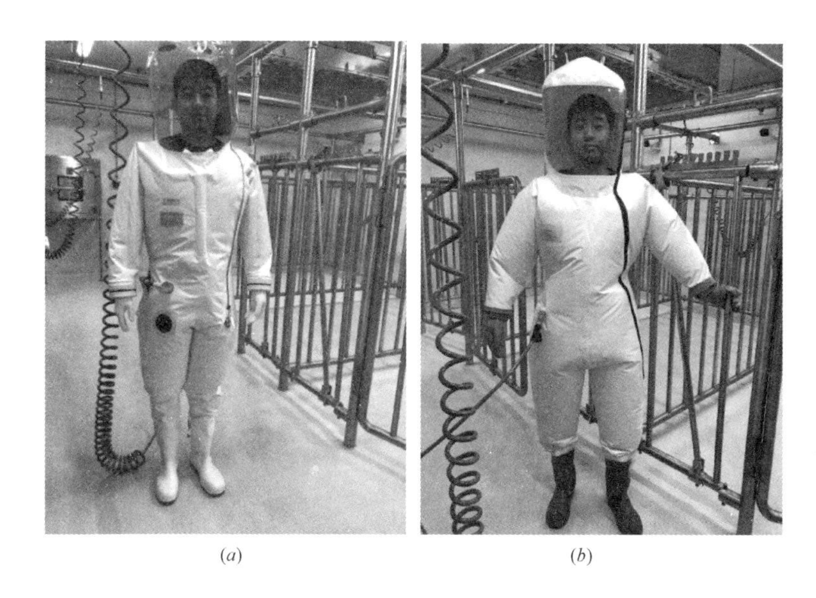

(a)　　(b)

图 8.5.1　两款压缩空气集中送气式正压生物防护服

(a) A 型防护服（国外某品牌）；(b) B 型防护服（国产某品牌）

2. 行动安全性和便利性

使用人员穿着防护服，连接实验室内的送气长管静止站立 1min 后，采用压差计测量此时正压防护服内静压差。然后使用人员按照正常步速行走、蹲下/站起、坐下/站起、弯腰/站起的顺序进行活动，采用压差计测量每次活动过程中的最大压差和最小压差。测试时，调节防护服送风旋钮，最大风量和最小风量下各独立测试 1 次。压差测试结束后，询问使用人员在各种动作过程中的主观感受，包括压差变化是否引起不适、行动是否阻碍严重等。

3. 更换送气管安全性和便利性

使用人员拔下送气管，在 1min 内连接另外一根送气管，测试该过程中防护服内最小压差。测试时，调节防护服送风旋钮，最大风量和最小风量下各独立测试 1 次。询问使用人员在更换送气管时是否存在不易操作、短时间闷热的情况。

4. 噪声主观感受

使用人员穿着正压防护服静止站立，询问人员站在使用人员正前方 1m 处，询问使用人员 3～5 个问题，记录回答情况。测试时，调节防护服送风旋钮，最大风量和最小风量下各独立测试 1 次。在进行行走等动作测试完毕后，询问噪声的变化情况。

5. 操作便利性

使用人员穿着防护服进行开关兽栏门、传递窗、充气式气密门、进行模拟化学淋浴等作业。测试过程中观察使用人员的动作准确性。测试结束后询问使用人员是否存在明显作业障碍。

6. 舒适性

在进行完上述所有测试后，询问使用人员如下问题：(1) 是否觉得沉重，局部有无压痛感或其他不适；(2) 是否觉得闷热；(3) 是否有视觉障碍；(4) 是否有活动障碍；(5) 是否有其他不适；(6) 总体评价。

8.5.2 结果与讨论

1. 穿脱便利性

对6名使用人员的实际测试表明，4名男性测试者均能在2min中内独立穿上防护服并以较快速度脱下。2名女性测试者需在他人辅助下穿上和脱下防护服。6名使用人员评价两款防护服结构设计上基本一致，B型防护服穿脱更容易一些，原因为：（1）B型防护服比A型防护服重量轻，男性测试者更容易将防护服摆放在合适位置进行穿脱；（2）B型防护服的气密拉链轻便柔软，拉开和关闭更省力。A型防护服拉链很硬且需要更大操作力量，特别对女性测试者而言，将拉链闭合或完全拉开拉链非常吃力。

2. 操作和行动便利性

使用人员穿上防护服以后，对进行各种常见动作、调节流量调节阀、更换送气长管、开关气密门及淋浴等动作进行实际测试，主观认为均能独立完成。

使用人员在进行下蹲动作时发现，A型防护服版型偏瘦，在下蹲过程中，完全下蹲存在较大障碍，突出问题是局部拉紧严重。而B型防护服腰臀部版型设计宽松，下蹲过程更轻松顺畅。

在插拔送气管时，A型防护服在流量调节阀处增加一段固定管，由于固定管的接口在身体右侧略靠后的位置，在插拔时需要将头部和上半身向后转。身高较低的女性测试者由于手臂略短，操作时需要身体扭转较大的角度，存在一定的操作障碍。B型防护服的流量调节阀没有额外增加固定管，送气长管可以较方便地连接到流量调节阀上但时间长了固定进气阀的位置存在松动的风险。

3. 压差稳定性

评估过程中分别测试了6位使用人员穿戴防护服后处于静止及进行不同动作（行走、坐下、下蹲和弯腰、更换送气管）时的动态正压差最大值和最小值。如表8.5.2-1所示，在供气压力为0.56 MPa时，静态压差稳定性较好，无论最小流量还是最大流量下，受测试的两款防护服均能满足标准BS EN 943-1 2002关于正压差不超过400Pa的要求。

正压生物防护服的静态压差 **表8.5.2-1**

人员	最大流量时静态压差(Pa)		最小流量时静态压差(Pa)	
	A	B	A	B
1	288～296	175～185	306～320	132～150
2	264～271	171～178	288～313	148～155
3	261～264	167～176	308～313	145～152
4	265～268	169～173	307～311	158～161
5	251～254	150	310～314	163～166
6	263	159～161	287	136

注：本次评估共有6名工作人员参加，其中1～4为男性，5～6为女性。

使用人员在进行行走、下蹲、坐下及弯腰等动作然后起立时正压差变化如图8.5.2所示。当人员进行行走动作时，防护服内部的压差会发生变化，但变化幅度较小，使用人员主观感受不到压差的变化。然而在下蹲、坐下和弯腰过程中，防护服内的正压差变化较大，最大压差均超过了400Pa的标准要求，极值压差甚至接近2000Pa，同时使用人员感觉耳膜受到一定的影响，感觉不适。

研究表明，压差变化过快，压差大于675Pa时有可能导致鼓膜发生穿孔，因此在使用过程中需要特别注意。压差的变化值与人员的动作是快速还是缓慢有极大的关系。如下蹲过程中，人员的动作快速，防护服内压力则快速增加。值得注意的是，在进行下蹲和站起动作时，两款防护服的最低压差均在0Pa附近，特别是最小风量下，一半以上概率出现了负压差。负压差的出现使外部污染空气有可能通过排气阀或其他防护服连接处进入防护服内部，导致防护效果降低或失效。下蹲、弯腰又是人员在实验室内的常见动作（如下蹲捡起掉在地上的物品等），建议人员在初次使用正压生物防护服前进行培训，确保进行大幅度活动时动作尽可能舒缓。建议防护服设计、生产和检测时应评估瞬态负压情况下污染物内泄漏的风险。

更换不同工位的送气管是人员在实验室工作时频繁进行的动作。在更换送气管的过程中，两款防护服内部的最小正压差不低于10Pa，且短时间没有送气的情况下防护服头罩的面屏没有出现起雾现象，有效地保证了更换送气管过程中防护服的安全和方便。

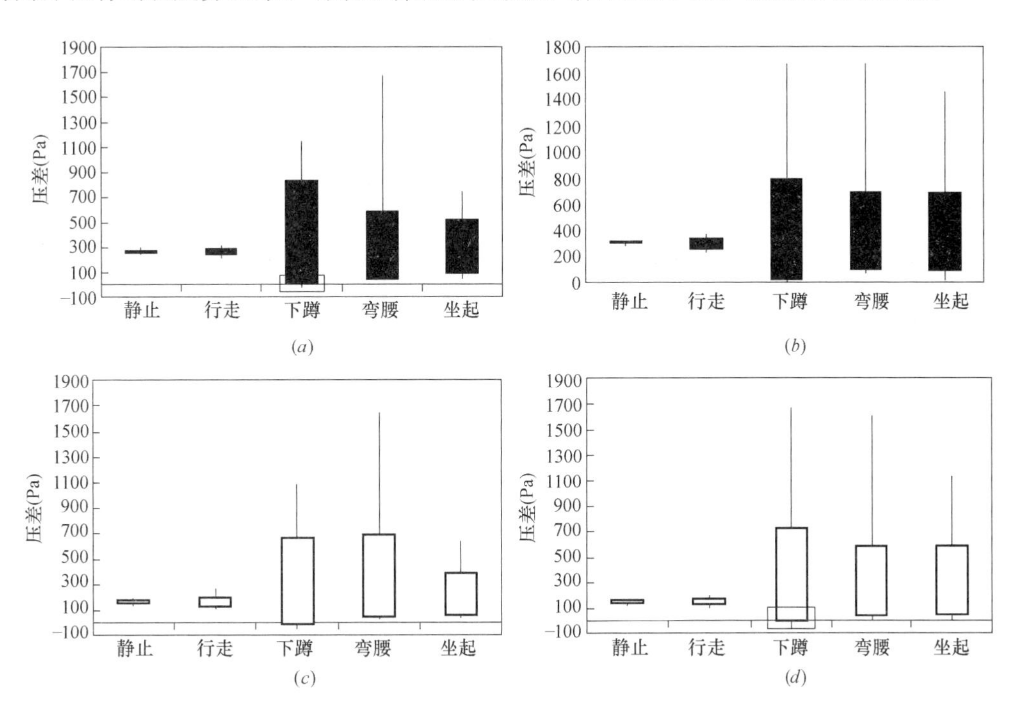

图8.5.2　不同动作下正压防护服内压差变化

(*a*) A最大风量；(*b*) B最大风量；(*c*) A最小风量；(*d*) B最小风量

4. 噪声

本次评估主要评价使用人员对2款防护服内部噪声的主观感受。通过询问不同问题以及让使用人员诉说主观感受来实现，结果如表8.5.2-2所示。噪声的评估是基于主观感受得到的结论，不同使用人员的感受不尽相同，但测试使用人员普遍反映2款防护服噪声处在可接受程度。部分人员反映A型防护服在进行不同动作时噪声变化较大，且存在啸叫等不适的噪声。部分人员反映B型防护服在调解流量时噪声尖锐。询问穿戴人员是否能听到外部的说话声音时，穿戴人员普遍反映大流量情况下存在与外部人员的语音交流障碍，甚至无法听到说话的声音。小流量情况下虽然能听到，但需要仔细辨认才能听清。总体情况是，穿戴A型防护服更不容易听清外部的声音，而穿戴B型防护服时，外部声音更容易穿透防护服。

人员对噪声的主观感受　　表8.5.2-2

测试人员 \ 主观噪声感受 \ 防护服类型	A型防护服		B型防护服	
	最大工作流量	最小工作流量	最大工作流量	最小工作流量
1	能听见但不清晰	能听见，比大流量的好些	较另一款舒适些	噪声低
2	听不见外部声音	能听见但不太清晰	较另一款清晰些	较另一款清晰些
3	听着一般，有点模糊	能听清	较另一款清晰些，但是声音较较尖锐，刺耳	较另一款尖锐
4	能听见，声音很小	能听见，一般	高低和另一款相似	能听清
5	能听到，一般清楚	能听到，不是特别清晰	隐约听清	能听清
6	听不清，耳膜不适	能听见，有障碍	能听见，有障碍	能听见

注：本次评估共有6名工作人员参加，其中1～4为男性，5～6为女性。

5. 舒适性

通过主动询问的方式，询问6位工作人员的主观感受，并邀请6位人员对A型防护服和B型防护服进行总体评价，具体如表8.5.2—3所示。有两位男性测试者反映穿戴后肩部有不适，略有摩擦感。这可能与该工作人员的身高略高有关，穿戴人员还是要选择更为宽松的、尺码合适的正压生物防护服。A型防护服的流量调节阀在从小调节到大的过程中，能感觉到气流冲击比较大，身体姿势变换时，也能感觉到气流冲击。在更换送气管时，B型防护服拔掉送气管时泄气略快，而A型防护服则泄气缓慢些。在总体评价上，6位人员均对两种防护服给出了"舒适"的评价。

由于此次使用人员穿戴防护服作业时间约10min，无法得出长时间作业的疲劳和不适的结论，需要在实际使用时进行进一步的评价。

人员穿戴不同防护服的主观感受　　表8.5.2-3

主观感受	A防护服	B防护服
是否有局部压痛、疲劳感	2：弯腰蹲起时耳朵有不适感 3：肩部有一点摩擦感	2：肩部有轻微压痛 3：肩部有一点摩擦感
其他不适	1：穿戴时间长点感觉热，拔掉气管泄气要缓慢些 3：弯腰时耳朵难受；拔插送气管时，头部靠着面屏近，会起雾 6：流量调节阀从小调节到大时，气流冲击比较大。身体姿势变换时，能感觉到气流冲击	1：换送气管的过程中热，拔掉气管泄气快些 3：手上管子略长；拔插送气管时，头部靠着面屏近，会起雾 4：噪声稍大 6：噪声稍大，尖，尤其是流量调节阀从小调到大时
总体评价	非常舒适□舒适■ 略微不适□很不舒适□	非常舒适□舒适■ 略微不适□很不舒适□

注：本次评估共有6名工作人员参加，其中1～4为男性，5～6为女性。

8.5.3 小结

（1）通过综合评估，使用人员普遍认为A型防护服和B型防护服在穿脱便利性、舒适性、噪声等方面性能接近，均能满足生物安全四级实验室实际作业要求。

（2）两款防护服均存在听力障碍、压差冲击等问题，需要进一步在实际应用中采取相应措施，如佩戴通话和听觉保护装置。

（3）特别需要注意的是，穿着正压生物防护服进行大幅度动作时，要确保防护服内的正压差，因此需对穿着人员进行动作训练。

本章参考文献

[1] 国家认证认可监督管理委员会．实验室设备生物安全性能评价技术规范［S］RB/T 199—2015．北京：中国标准出版社，2016.

[2] 申峰，李泰华．BSL-4实验室的一体正压防护服与生命维持系统［J］．医疗卫生装备，2005，26（11）：15-17.

[3] 吴金辉，田涛，林松等．正压生物防护服研究进展［J］．中国个体防护设备，2009（5）：14-17.

[4] Protectiveclothing against radioactive contamination—Part1：Requirement and test methods for ventilated protective clothing against particulate radioactive contamination. EN1073-1：1998.

[5] Peiris J，Guan Y，Yuen K. Severe acute respiratory syndrome [J]. Nature medicine，2004，10：S88－S97.

[6] Li K，Guan Y，Wang J，et al. Genesis of a highly pathogenic and potentially pandemic H5N1 influenza virus in eastern Asia [J]. Nature，2004，430（6996）：209－213.

[7] Smith G J，Vijaykrishna D，Bahl J，et al. Origins and evolutionary genomics of the 2009 swine－origin H1N1 influenza A epidemic [J]. Nature，2009，459（7250）：1122－1125.

[8] Ringen K，Landrigan P J，O Stull J，et al. Occupational safety and health protections against Ebola virus disease [J]. American journal of industrial medicine，2015.

[9] 吴金辉，郝丽梅，王润泽等. 埃博拉疫情防控正压生物防护服研究［J］. 医疗卫生装备，2014，35（12）：93-96.

[10] 王润泽，王政，吴金辉，衣颖，郝丽梅. 高危生物污染环境下主动净化送风式正压生物防护服的使用安全性与热舒适性研究［J］. 2015，39（5）：390-393.

[11] BS EN 943－1 2002 Protective clothing against liquid and gaseous chemicals，including liquid aerosols and solid particles——Part 1：Perfomance requirements for ventilated and non-ventilated "gas－tight"（Type 1）and "non-gas-tight"（type2）chemical protective suits.

[12] 张运启，谭完成，窦乃迪. 气压性鼓膜穿孔的损伤形态及机制分析［J］．法医临床学理论与实践——中国法医学会·全国第十六届法医临床学学术研讨会论文集. 2013-162-163.

[13] 王栋. 适用于高级别生物安全实验室的正压生物防护服性能测试分析［J］. 暖通空调，2017，47（12）：43-47.

第9章　生命支持系统

9.1　生命支持系统的用途及工作原理

9.1.1　用途

根据实验室所处理对象的生物危害程度和采取的防护措施，生物安全实验室分为四级。其中最高等级的四级生物安全实验室（BSL-4、ABSL-4）中的操作对象为对人体、动植物或环境具有高度危害性，通过气溶胶途径传播或传播途径不明，或未知的高度危险的致病因子，没有预防和治疗措施。所以对实验人员的保护显得尤为重要。四级生物安全实验室根据使用生物安全柜的类型和穿着防护服的不同，可分为生物安全柜型和正压防护服型两类。生物安全柜型指使用Ⅲ级生物安全柜的实验室，是比较传统的，通过手套箱完成整个实验操作。其缺点是建设门槛较低，内部尺寸狭小，不能满足和适应使用大型仪器的需要。正压防护服型指使用Ⅱ级生物安全柜和具有生命支持系统的正压防护服组成的防护屏障提供对实验人员的个人防护的实验室，有较大的工作空间，在里面工作时，实验人员必须穿着个体防护正压服，安全性也非常高。正压防护服是指将人体全部封闭、用于防护有害生物因子对人体伤害、正常工作状态下内部压力不低于环境压力的服装。正压防护服的主要特点是防护服内的气体压力高于环境的气体压力，以此来隔断在污染区内实验人员暴露在气溶胶、放射性尘埃以及喷溅物、意外接触等造成的危害。而生命支持系统正是为了满足正压防护服的使用而配套的系统。

目前我国已建成若干个生物安全四级实验室，均采用正压防护服作为首选的个体防护装备，因此对其配套的生命支持系统的工作原理以及指标检测要进行深入了解和规范，为日后进一步提高我国生物安全水平奠定坚实的基础。

9.1.2　结构组成

生命支持系统主要由空气压缩机、紧急支援气罐、不间断电源、储气罐、气体浓度报警装置、空气过滤装置及相应的阀门、管道、元器件等组成。其中空气压缩机吸收空压机室内的空气，经过压缩为系统提供一定压力的压缩空气（一般为10bar左右）；紧急支援气罐是为了在系统不能正常供给所需气体时，短时间内维持系统正常供气所配置；不间断电源是为了在主电源故障时维持系统正常运行所配置；气体浓度报警装置可以实时监测系统供给的压缩空气的主要成分的浓度，来保证实验室操作人员的正常使用；空气过滤装置及储气罐等可以保证所供给实验室气体的主要成分的浓度及储备。实体图及相应的局部实体图如图9.1.2-1～图9.1.2-6所示。

9.1.3　原理及主要功能

空气首先经空气压缩机压缩（一般为10bar左右），然后经干燥冷凝处理，经过这两

图 9.1.2-1　生命支持系统基本结构实体图

个过程的处理，所提供的空气不仅适合人的呼吸，而且还除去了部分冷凝水、尘埃及细菌。上述处理过程中产生的冷凝物将进入“冷凝分离器”，将冷凝物中的油类物质和其他不同的灰尘分离出来，使得污水排放符合当地的排污要求。压缩空气被储存于储气罐里，然后经过一系列的过滤处理后，设备将有少量空气流经气体浓度报警装置，用于监测压缩空气，使压缩空气达到《实验室设备生物安全性能评价技术规范》RB/T 199—2015（《欧洲呼吸空气标准》EN12021）规定的标准［O_2 浓度 21%±1%，CO_2 浓度≤500ppm（mL/m^3），CO 浓度≤15ppm（mL/m^3）］。最后压缩空气经过加热、降温等舒适性调节和一系列调压（一般预设输出 6.5bar 左右）措施后，经管道输出至各个用气点，并保持防护服或面具内可以呼吸的空气在一个舒适的温度。简要原理图如图 9.1.3 所示。

图 9.1.2-2　空气压缩机

图 9.1.2-3　紧急支援气罐

图 9.1.2-4　储气罐

图 9.1.2-5　空气过滤装置

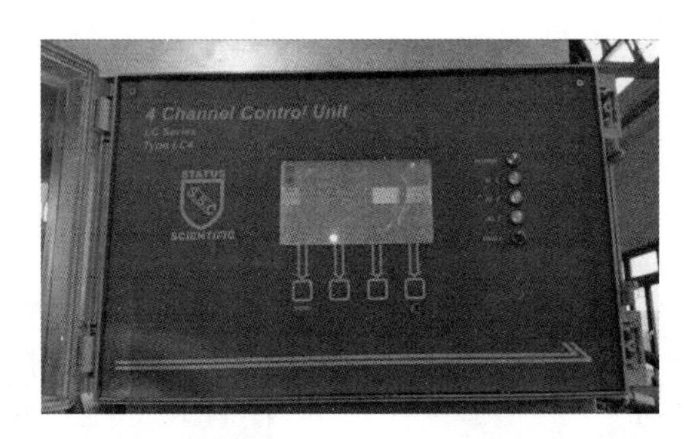

图 9.1.2-6　气体浓度报警装置

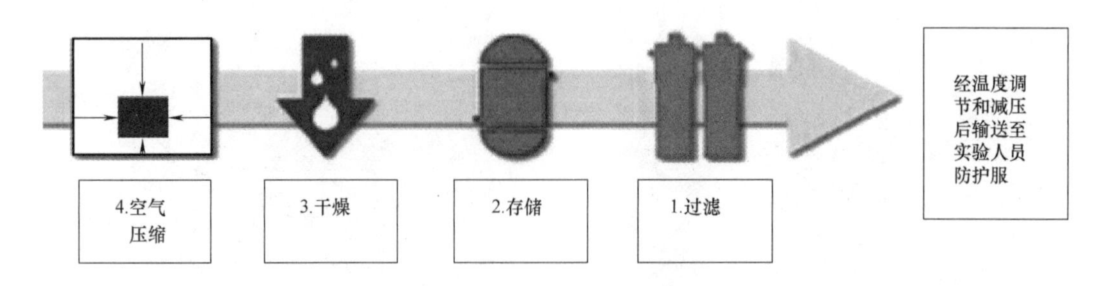

图 9.1.3　生命支持系统简要原理图

部分生命支持系统采用上述原理，也有部分是先经过干燥和过滤再储存，直接经储气罐送入系统中，来维持正压防护服的正常运行。虽然原理上基本一致，但是在生命支持系统的实际运行中，两种原理就会体现出一些差别。

9.1.4　生命支持系统运行

由于生命支持系统是配备给生物安全四级实验室内的正压防护使用，能正常生产合适的压缩空气是一方面，同时能在紧急情况下保持一段时间的正常运行也是很重要的一方面。结合某些实验室生命支持系统的运行，对生命支持系统的实际运行流程做简要介绍。

首先系统正常启动运行，储气罐内压力及系统压力达到设定值，空气压缩机进入空久停机状态，随着气体的不断使用，储气罐内的供气量下降，供气压力达到下限值时空气压缩机启动，补充压缩空气到设定值。当一台空气压缩机发生故障，且供气压力不足时，自动切换到备用空气压缩机进行补气；当所有空气压缩机同时故障，且供气不足时，启用紧急支援气罐直接给系统供气，且能满足系统一定时间的供气，以满足实验操作人员紧急逃离；当电力故障时，启用不间断电源，同样是为实验操作人员紧急逃离提供时间；当气体浓度报警装置显示超标时，系统自动关停空气压缩机，且储气罐进行泄压，紧急支援气罐启动。目前国内出现了另一种形式，即将气体浓度报警装置放在空气压缩机与储气罐之间，那么当气体浓度报警装置显示超标时，储气罐进气阀直接关闭，储气罐内的气体可以照常供气，气体浓度报警装置与储气罐间会单独设置排气阀，此时排气阀会自动打开，直接将不合格气体排出。笔者认为后一种方法较前一种方法实用一些。最后就是系统运行一段时间后，定期保养维护。

9.2　国内外现状

9.2.1　国内现状

目前我国已建成若干个生物安全四级实验室，大部分为使用Ⅱ级生物安全柜和具有生命支持系统的正压防护服组成的防护屏障提供对实验人员的个人防护的实验室，且基本上都采用了国外进口的生命支持系统，以法国 BELAIR 公司生产的产品为主，虽然在配置上略有差别，比如部分实验室将 UPS 电源改为接到总体的柴油发电机上，比如部分实验室会将气体浓度报警装置设为一用一备等，但总体上的原理及运行操作基本相同。

我国也已经开始研发自己的生命支持系统，由军事医学科学院卫生装备研究所设计，北京易安华美科学技术有限公司制造的生命支持系统，已可以达到生命支持系统主要可靠性的要求。

我国科研机构的不断努力，为日后进一步提高我国生物安全水平奠定了坚实的基础。同时，我国相关企业在生物安全设备材料方面的研究也已经取得了突破性进展，为我国生物安全设备国产化奠定了坚实基础。但我们的不足还是很明显的，单说一个管道阀门等接口处的密封胶，目前我国还必须采购法国的生物安全型密封胶，我们还有很长的路要走。

9.2.2 国外现状

目前世界上已经建成许多生物安全四级实验室，包括澳大利亚设有三个 BSL-4 实验室：在 Geelong 澳大利亚动物健康实验室（VIC）、在 Coopers 平原昆士兰卫生署（QLD）的病毒学实验室、国家高安全性实验室，维多利亚传染病参考实验室在北墨尔本（VIC）的主持下运作；法国：LABORATOIRE P4 让·梅里厄在里昂；德国：马尔堡大学病毒学研究所等。其中大部分采用Ⅱ级生物安全柜和具有生命支持系统的正压防护服组成的防护屏障提供对实验人员的个人防护的实验室形式。而且单论生命支持系统，国外基本上已经拥有了成熟的生产制造能力，且在密封材料及加工工艺方面已有很大的突破。

9.3 设备性能指标及检测方法

目前，国外用于评价生命支持系统综合性能的标准有美国的《Biosafety in Microbiological and Biomedical Laboratories (BMBL) 5th Edition》，我国用于评价生命支持系统综合性能的标准有《实验室设备生物安全性能评价技术规范》RB/T 199—2015、《实验室生物安全通用要求》GB 19489—2008。

为了能够充分反映生命支持系统的实际运行情况，同时有效地验证系统的可靠性，通过分析整理了国内外相关规范标准中所涉及的测试项目，用以评价生命支持系统的可靠性。

9.3.1 检测时机

检测时机至少应包括以下情况：

（1）安装调试完成后，投入使用前；

（2）系统关键部件更换维修后；

（3）年度的维护检测。

9.3.2 检测项目

现场检测的项目至少应包括空气压缩机的可靠性、紧急支援气罐的可靠性、报警装置的可靠性、不间断电源的可靠性以及供气管道的气密性。

9.3.3 检测方法

（1）空气压缩机可靠性验证应人为关停一台空气压缩机，观察储气罐压力降至设定值以下时，是否可自动切换至另一台空气压缩机。

（2）紧急支援气罐可靠性验证应人为关停两台空气压缩机，观察储气罐压力降至设定值以下时，是否可自动切换至紧急支援气罐。

（3）报警装置可靠性验证应现场测试一氧化碳（CO）、二氧化碳（CO_2）、氧气（O_2）等气体浓度、气体温度湿度超限报警，可以查看报警记录；空气压缩机故障、储气罐压力报警测试，是否可以人为进行空气压缩机断电和关闭空气压缩机、储气罐泄压测试。

（4）不间断电源可靠性验证应现场观察和切换，主电源故障模拟测试。

（5）供气管道气密性检测应在生命支持系统正常运行时，用皂泡法检查管道整体及接口的气密性。

9.3.4 评价结果

（1）空气压缩机可靠性应满足空气压缩机有备用，可自动切换。

（2）紧急支援气罐可靠性应满足空气压缩机故障时，可自动切换至紧急支援气罐供气。

（3）报警装置可靠性应满足以下要求：

1）实现CO、CO_2、O_2气体浓度超限报警，气体浓度要求：

O_2：(21±1)%；

CO_2：含量不超过500mL/m³；

CO：含量不超过15mL/m³。

2）空气压缩机供气故障报警，并可自动至紧急支援气罐供气。

3）气体温度湿度报警：温度在18～26℃范围内可调，相对湿度在35%～65%范围可调。储气罐压力报警。

4）不间断电源可靠性应满足供电时间应不少于60min（或保证气源不少于60min）。

5）供气管道气密性应满足管道整体及接口的气密性检测无皂泡。

以上为生命支持系统的可靠性验证的指标及方法，横向的各规范的对比见表9.3.4。

生命支持系统检测项目统计表 **表9.3.4**

检测项目					
规范要求		RB/T 199—2005	GB 19489—2008	GB 50346—2011	CL53
空气压缩机可靠性	空气压缩机有备用，可自动切换	■	□	□	■
紧急支援气罐可靠性	空气压缩机故障时，可自动切换至紧急支援气罐供气	■	■	□	■
报警装置可靠性	（1）实现CO、CO_2、O_2气体浓度超限报警，气体浓度要求： 1）O_2：(21±1)%； 2）CO_2：含量不超过500mL/m³； 3）CO：含量不超过15mL/m³。 （2）空气压缩机供气故障报警，并可自动至紧急支援气罐供气。 （3）气体温度湿度报警：温度在18～26℃范围内可调，相对湿度在35%～65%范围可调。 （4）储气罐压力报警	■	■	□	■
不间断电源可靠性	供电时间应不少于60min（或保证气源不少于60min）	■	■	□	■
供气管道气密性	管道整体及接口的气密性检测无皂泡	■	□	□	■

注：表格中“■”表示相关规范中包含该项目，“□”表示相关规范中未包含该项目。

9.4 实测调研数据分析

9.4.1 生命支持系统实际检测结果

对于目前国内存在的生命支持系统，具体检测结果见表 9.4.1。

生命支持系统实际检测结果　　表 9.4.1

检测项目				
规范要求		武汉 P4	哈兽研 P4	军事医学科学院研发的生命支持系统
空气压缩机可靠性	空气压缩机有备用，可自动切换	在正常运行工况下，人为关停运行状态下的空气压缩机，当储气罐压力下降至设定值以下时，备用空气压缩机可自动切换投入运行，保证压缩空气的正常供给，中控室声光报警警示生命支持系统综合故障，机房现场报警指示灯亮	在正常运行工况下，人为关停运行状态下的空气压缩机，当其余空气压缩机内监测到压力下降至设定值以下时，相应空气压缩机可自动投入运行，保证压缩空气的正常供给	在正常运行工况下，人为关停运行状态下的空气压缩机，经验证，当压缩空气储气罐压力下降至设定值（8bar）以下时，备用空气压缩机可自动切换投入运行，压缩空气储气罐压力可恢复至设定值（9bar）以上，符合可靠性要求
紧急支援气罐可靠性	空气压缩机故障时，可自动切换至紧急支援气罐供气	在正常运行工况下，人为关停所有空气压缩机，当储气罐压力下降至设定值以下时，备用压缩空气支援气罐自动切换投入运行，保证压缩空气的正常供给，中控室声光报警警示生命支持系统综合故障，机房现场报警指示灯亮	在正常运行工况下，人为关停所有空气压缩机，当供气主管道压力下降至设定值（6bar）以下时，备用压缩空气支援气罐自动切换投入运行，保证压缩空气的正常供给。中控面板显示主输气管道压力低，声光报警正常	在未配备紧急支援气瓶的条件下，人为关停所有空气压缩机，打开压缩空气储气罐泄压阀门，当储气罐压力下降至设定值以下时，备用气瓶供气管路上的常开型气动电磁阀失电，阀体可正常开启
报警装置可靠性	（1）实现CO、CO_2、O_2气体浓度超限报警，气体浓度要求：1）O_2：（21±1）%；2）CO_2：含量不超过500mL/m³；3）CO：含量不超过15mL/m³。	生命支持系统的气体浓度报警控制柜2套，一用一备，现场测试时，备用控制柜处于故障待修状态，仅对主控制柜进行了气体浓度超标报警验证，在正常运行工况下，人为增大控制柜内 CO_2 浓度，可以出现一级、二级报警，但不能出现三级报警，此项验证需要待确定三级报警浓度上限且备用控制柜修好后再次进行验证	在正常运行工况下，对6套气体浓度报警控制柜进行验证，人为增大控制柜内 CO_2 浓度至500ppm以上，系统出现二级报警，控制柜二级报警指示灯亮；人为增大控制柜内 CO_2 浓度至1000ppm以上，系统出现三级报警，控制柜三级报警指示灯亮，同时对应空气压缩机停机，系统排气阀开启排放管道内气体。人为增大控制柜内CO浓度至12ppm以上，系统出现二级报警，控制柜二级报警指示灯亮；人为增大控制柜内CO浓度至	经验证，当储气罐压力下降至设定值以下时，控制台显示生命支持系统综合故障声光报警正常；在正常运行工况下，人为增大气体浓度检测报警控制柜内 CO_2 气体浓度，经验证，伴随 CO_2 气体浓度增大，可以在到达各级设定浓度限制时，分别出现一、二、三级报警；当三级报警出现时，进入压缩空气储气罐的阀门关闭，供气管道旁通阀打开，阻止气体进入压缩空气储气罐，当压缩空气储气罐压力下降至设定值以下时，备用气瓶供气管路上的常开型气动电磁阀失电，阀体可正常开启，控制台显示生命支持系统综合故障声光报警正常；在正常运行工况下，人为增大控制柜内

续表

检测项目				
规范要求		武汉 P4	哈兽研 P4	军事医学科学院研发的生命支持系统
报警装置可靠性	(2)气体温度湿度报警：温度在18～26℃范围内可调，相对湿度在35%～65%范围可调。(3)储气罐压力报警	生命支持系统的气体浓度报警控制柜2套，一用一备，现场测试时，备用控制柜处于故障待修状态，仅对主控制柜进行了气体浓度超标报警验证，在正常运行工况下，人为增大控制柜内 CO_2 浓度，可以出现一级、二级报警，但不能出现三级报警，此项验证需要待确定三级报警浓度上限且备用控制柜修好后再次进行验证	15ppm以上，系统出现三级报警，控制柜三级报警指示灯亮，同时对应空气压缩机停机，系统排气阀开启排放管道内气体。人为增大控制柜内 O_2 浓度至22%以上，系统出现一级报警，位于控制柜 O_2 浓度报警一级指示灯亮。人为造成冷干机出口温度超过设定温度(30℃)，中控面板显示供气温度过高对话框	CO浓度，经验证，伴随CO气体浓度增大，可以在到达各级设定浓度限制时，分别出现一、二、三级报警；当三级报警出现时，进入压缩空气储气罐的阀门关闭，供气管道旁通阀打开，阻止气体进入压缩空气储气罐，当压缩空气储气罐压力下降至设定值以下时，备用气瓶供气管路上的常开型气动电磁阀失电，阀体可正常开启，控制台显示生命支持系统综合故障声光报警正常
不间断电源可靠性	供电时间应不少于60min(或保证气源不少于60min)	配备柴油发电机(总体的非单独配备)	人为切断生命支持系统市电电源后UPS切换正常，经验证，可供生命支持系统正常运行30min以上	□
供气管道气密性	管道整体及接口的气密性检测无皂泡	□	□	在生命支持系统正常运行时，使用皂泡法对系统管道及接口进行检测，初测过程中供气管道旁通阀与管道之间螺纹连接处出现泄漏，经重新密封处理后，复测未见泄漏，其余系统管道及接口均未见泄漏

注：表格中“□”表示相关未进行验证项目。

9.4.2　生命支持系统实际运行情况分析

通过上述检验结果，可以了解到目前国内各大实验室配备的生命支持系统基本上都能满足正常使用需求，生命支持系统的控制基本符合各项可靠性验证的要求。

军事医学科学院研发的生命支持系统虽未正式投入使用，但从检测结果来看，基本具备使用条件，就是部分制作工艺上还有些许不足，在供气管道气密性测试时，出现泄漏，现场测试如图9.4.2-1～图9.4.2-3所示。

图9.4.2-1　供气管道气密性测试

图9.4.2-2　供气管道泄漏点1

图 9.4.2-3　供气管道泄漏点 2

发现漏点后，使用生物安全型密封胶对其进行密封处理，静置 12h（理论上应静置 24h 左右）后，再次检测，未见泄漏。

9.5　结论

通过对生命支持系统的配置形式、运行方式、国内外现状、检测项目等的分析，我们会发现生命支持系统风险控制核心点集中在空气压缩机可靠性、紧急支援气罐可靠性、报警装置可靠性、不间断电源可靠性、供气管道气密性。

空气压缩机可靠性应满足空气压缩机有备用，可自动切换；紧急支援气罐可靠性应满足空气压缩机故障时，可自动切换至紧急支援气罐供气；报警装置可靠性应可以实现 CO、CO_2、O_2 气体浓度超限报警，并可自动至紧急支援气罐供气，气体温度湿度在一定范围内可调，储气罐压力报警；不间断电源可靠性应满足供电时间应不少于 60min（或保证气源不少于 60min）；供气管道气密性应满足管道整体及接口的气密性检测无皂泡。

目前所配备的生命支持系统多数都能保证上述主要项目的可靠性，但是对于 CO、CO_2、O_2 气体浓度超限报警的验证，并未预留合理的测试装置，导致测试精度不足，希望以后的设备生产厂商对于检测验证条件的预留考虑得再全面些。

本章参考文献

[1] 中国建筑科学研究院. 生物安全实验室建筑技术规范 GB 50346—2011 [S]. 北京：中国建筑工业出版社，2012.
[2] 国家认证认可监督管理委员会. 实验室设备生物安全性能评价技术规范 RB/T 199—2015 [S]. 北京：中国标准出版社，2016.
[3] Respiratory protective Devices—Compressed air for breathing apparatus. EN12021.
[4] Biosafety in Microbiological and Biomedical Laboratories (BMBL) 5th Edition.
[5] 中国合格评定国家认可中心、实验室　生物安全通用要求 GB 19489—2008 [S]. 北京：中国标准出版社，2008.
[6] 中国合格评定国家认可委员会. 实验室生物安全认可准则对关键防护设备评价的应用说明 CL53.
[7] 许钟麟等. 生物安全实验室与生物安全柜 [M]. 北京：中国建筑工业出版社，2004.

第 10 章　化学淋浴系统

10.1　化学淋浴系统的用途及组成

10.1.1　用途

近年来，随着我国经济及科学技术的发展，我国许多实验室进行了改造或重建，逐渐建设起一批高级别生物安全实验室。随着高级别生物安全实验室的建立，生物安全研究领域也随之扩大化，研究对象的危险性也随之加剧。各实验室为了保证实验人员的安全及公共卫生安全，对高级别生物安全实验室的硬件要求也有了相应的提高。化学淋浴系统就是高级别生物安全实验室中一个关键的防护设备，适用于身着防护服的人员消毒，在人员离开高污染区后防止可能产生的污染。

10.1.2　结构组成

化学淋浴系统主要包括：不锈钢封闭箱体、两道互锁式气密门（常规为充气式气密门）、加药系统、喷淋系统、控制系统、送排风系统、排水系统及供气系统（提供给正压防护服）。化学淋浴系统工艺见图 10.1.2-1，化学淋浴系统主要构件实物图见图 10.1.2-2～图 10.1.2-8。

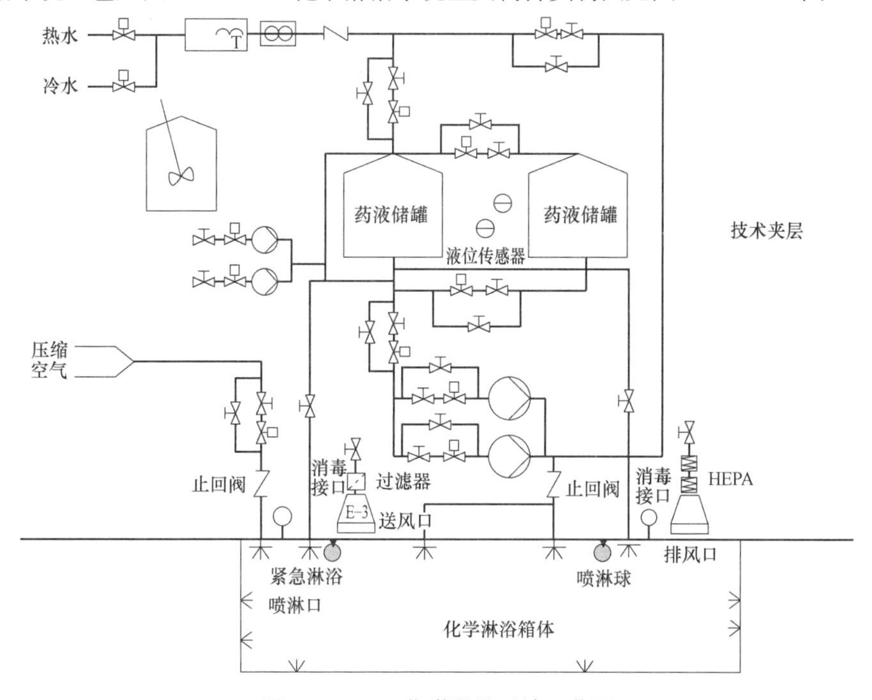

图 10.1.2-1　化学淋浴系统工艺图

图 10.1.2-2　不锈钢箱体

图 10.1.2-3　气密门

图 10.1.2-4　加药系统

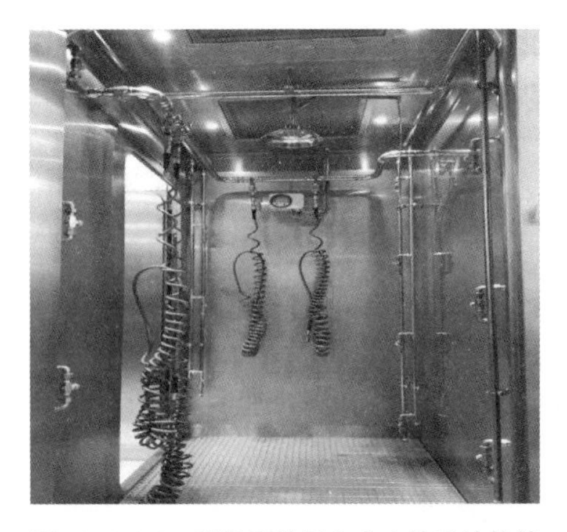

图 10.1.2-5　喷淋系统及生命支持系统软管

图 10.1.2-6　排水系统防回流气动阀

图 10.1.2-7　送、排风系统

图 10.1.2-8　控制系统

10.2　化学淋浴系统主要步骤

（1）操作人员离开污染区，准备进入化学淋浴间。

（2）工作人员事先在淋浴系统的控制面板上进行各项淋浴参数的设定（也可以提前统一设置）。

（3）按下进口处气密门的开启按钮，充气门放气后断电解锁（以充气式气密门为例），人员打开门进入到淋浴间。关闭充气门后，两扇气密门在消毒程序结束之前都是锁上的。

（4）将防护衣与淋浴间内呼吸空气接口对接。

（5）按下淋浴间内的消毒程序启动按钮，系统自动开始运行。如果中途遇到紧急突发状况，可按下中止按钮，停止淋浴。

（6）安置在淋浴内部超声喷雾喷头定量喷出5～10μm的含有化学药剂的雾气，会有效地附着在防护服外表面上，对操作人员进行完全消毒，喷雾时间以设定为准，一般为60s。

（7）在喷雾阶段之后，冲洗喷头开始运行，对人员进行冲洗，冲掉人员身上试剂形成的水珠，时间可以调节，这是必需的最后一道净化程序。一般情况下时间为2min。

（8）之后空气喷淋可以运作，对防护衣上的残余水滴进行吹干。

（9）待系统自动停止一切程序后，人员开启另一侧气密门离开淋浴间。

（10）根据需要，可以设定淋浴系统进行自清洗，对淋浴间内表面进行消毒。

（11）操作人员脱除防护服进入洁净区。

10.3　国内外发展现状

10.3.1　国外现状

目前，国外用于评价生物安全领域的评价标准有澳洲/新西兰标准《第三部分：微生物安全与防护》AS/NZS 2243.3：2010（Safety in laboratories Part 3：Microbiological safety and containment）、加拿大生物安全标准《用于处理或储存人类和陆地动物病原体的设施（第二版）》（Canadian Biosafety Standard（CBS）-2edition for facilities handling or storing human and terrestrial animal pathogens and toxins）、美国国家疾病预防控制中心及国立卫生研究院颁布实施的《微生物及生物医学实验室生物安全（第五版）》（Biosafety in microbiological and Biomedical Laboratories）。

10.3.2　国内现状

我国用于评价生物安全领域的标准规范有《生物安全实验室建筑技术规范》GB 50346—2011、《实验室　生物安全通用要求》GB 19489—2008。而上述规范及标准主要是针对实验室设施方面参数指标的要求，对于化学淋浴系统这类关键防护设备国内外标准中未明确提及。

中国合格评定国家认可委员会于2015年1月1日正式颁布实施了《实验室生物安全认可准则对关键防护设备评价的应用说明》CNAS—CL53作为其内部评审文件，并以该说明为基础于2016年7月1日完成了向认证认可行业标准《实验室设备生物安全性能评价技术规范》RB/T 199—2015的转化，该规范涵盖了一系列涉及高等级实验室关键防护设备的测试项目、方法及评价指标，对于同样属于关键防护设备范围的化学淋浴系统来说，其运行参数指标具备了规范的统一要求。

10.4 调研对象

10.4.1 数据来源

本次用于支撑调研结果的数据主要通过 2015～2017 年化学淋浴系统现场实际检测获得。统计年份内有效数据结果共计 3 套，其中，进口品牌 2 套，国产品牌 1 套。

化学淋浴系统主要用于高级别生物安全实验室（大动物 ABSL-3 实验室、BSL-4 实验室及 ABSL-4 实验室），我国在这几年才陆续建成此类实验室。这就导致了目前可供调研的化学淋浴系统有限。自 2016 年《实验室设备生物安全性能评价技术规范》RB/T 199—2015 正式实施后，化学淋浴系统的测试项目完全按照规范的要求进行。

10.4.2 主要厂家及设备类型

我国目前已经完成测试的化学淋浴系统共计 3 套，其中进口品牌 2 家，国产品牌 1 家，具体品牌见表 10.4.2。各品牌化学淋浴实体见图 10.4.2-1～图 10.4.2-6。

各品牌化学淋浴系统　　表 10.4.2

品牌类型		
进口品牌(套)		国产品牌(套)
FG(德国)	STC(法国)	军事医学科学院卫生装备研究所
1	1	1

图 10.4.2-1　FG 化学淋浴加药系统

图 10.4-2-2　FG 化学淋浴箱体

10.4.3 测试项目及方法

对于化学淋浴系统的测试方法及评价标准主要依据《实验室设备生物安全性能评价技术规范》RB/T 199—2015 进行，该规范分别对箱体内外压差、换气次数、给排水防回流措施、液位报警装置、箱体气密性、送风高效过滤器检漏、排风高效过滤器检漏及消毒效果验证。具体测试方法及评价标准见表 10.4.3，部分检测项目现场测试见图 10.4.3-1～图 10.4.3-5。

图 10.4.2-3　STC 化学淋浴加药箱体

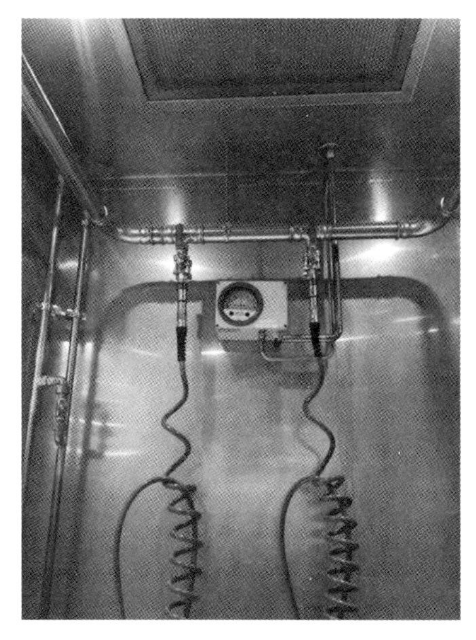

图 10.4.2-4　STC 化学淋浴箱体

图 10.4.2-5　军事医学科学院卫生装备所化学淋浴加药系统

图 10.4.2-6　军事医学科学院卫生装备所化学淋浴箱体

化学淋浴相关参数检测方法及评价标准　　表 10.4.3

序号	测试项目	评价标准	测试方法	测试仪器
1	箱体内外压差	箱体内外压差应满足送排风系统正常运行时，箱体内与室外方向上相邻房间的最小负压差应不低于－10Pa	应符合 RB/T 199 相应条款规定	压差计

续表

序号	测试项目	评价标准	测试方法	测试仪器
2	换气次数	换气次数不应小于 $4h^{-1}$	应符合 GB 50346 或 GB 50591 相应条款	风量罩或风速仪
3	给排水防回流措施	给排水防回流措施应对照说明书，检查化学淋浴消毒装置供水（消毒水和清洁水）和排水管道是否采取了防回流措施	应符合 RB/T 199 相应条款规定	现场观察
4	液位报警装置	在化学淋浴消毒装置药液储罐内加水至高位或排水至低液位时，自控系统可声光报警	应符合 RB/T 199 相应条款规定	现场验证
5	箱体气密性	密封化学淋浴消毒装置的门、给水（气）及排水口和送排风口后，箱体在－500Pa 压力下，20min 内自然衰减的压力小于 250Pa	应符合 GB 50591 压力衰减检测法相应条款	压差计
6	送/排风高效过滤器检漏	对于扫描检漏测试，被测过滤器滤芯及过滤器与安装边框连接处任意点局部透过率实测值不得超过 0.01%；对于效率法检漏测试，当使用气溶胶光度计进行测试时，整体透过率实测值不得超过 0.01%；当使用离散粒子计数器经行测试时，置信度为 95%的透过率实测值置信上限不得超过 0.01%	应符合 GB 50346 或 GB 50591 相应条款	气溶胶光度计或激光尘埃粒子计数器
7	消毒效果验证	正压防护服表面（头部、前胸、后背、腋下、裤裆、脚底）及箱体必要部位消毒效果验证，所有样本的杀灭对数值不小于 3	应符合消毒技术规范相应条款	指示微生物及培养箱

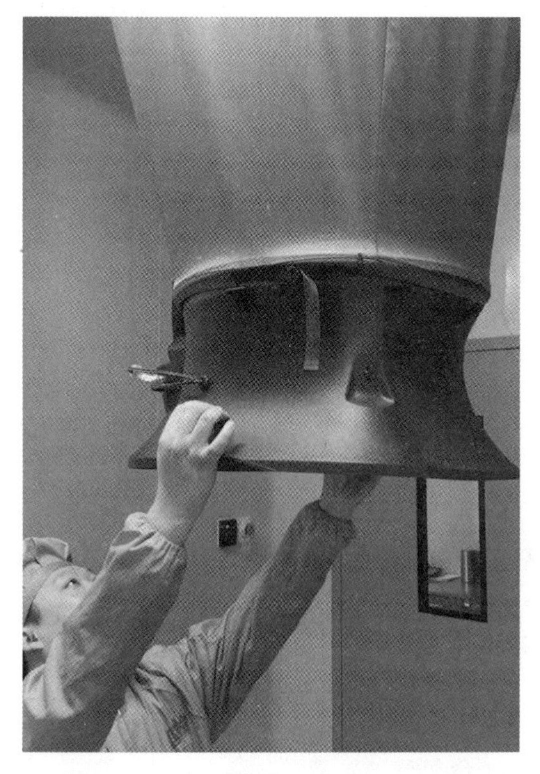

图 10.4.3-1　风量罩测试房间换气次数

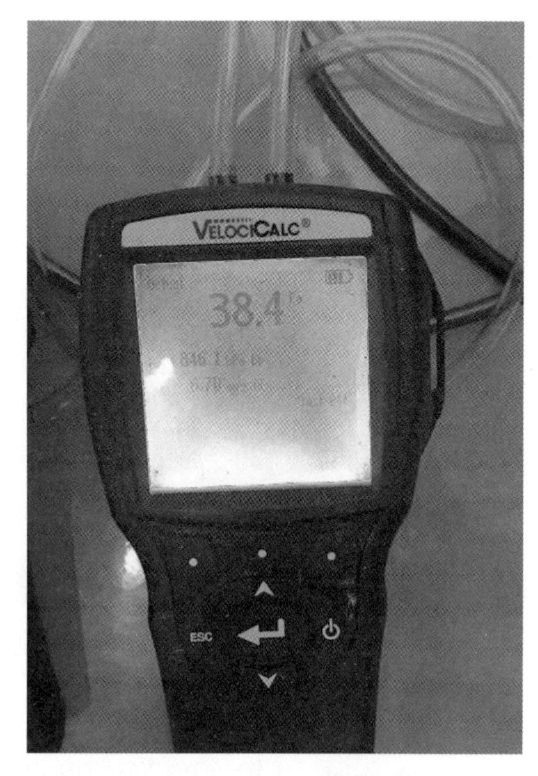

图 10.4.3-2　压力表测试压力

图 10.4.3-3 化学淋浴用 BIBO 过滤器检漏

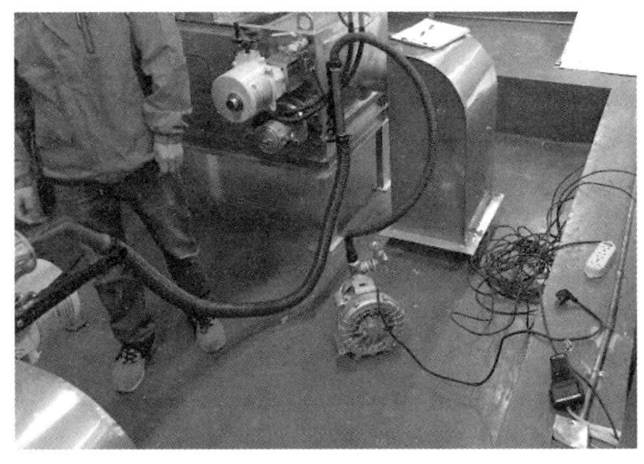

图 10.4.3-4 利用 BIBO 对房间气密性进行测试

图 10.4.3-5 消毒效果验证

10.5 化学淋浴系统调研数据及分析

10.5.1 箱体内外压差、换气次数、箱体气密性

表 10.5.1 中给出了 3 个品牌化学淋浴系统箱体内外压差、换气次数及箱体机密性 3 个参数的实测值，可以看出这 3 个参数都是满足规范要求的（军事医学科学研究院卫生装备研究所是在生产车间检测，没有用在实际工程中，所以没有与相邻房间的压差）。但是化学淋浴的换气次数及化学淋浴与相邻房间的压差均远远大于规范中的要求，这是因为调试过程中主要考虑到穿正压防护服进入化学淋浴间的工作人员，当把正压防护服接入生命支持系统后，就相当于往化学淋浴箱体内送风，为了不让化学淋浴箱体出现压力逆转，调试人员在调试过程中把化学淋浴箱体的换气次数及相对压差放大。

10.5.2 给排水防回流措施

化学淋浴箱体地板上均有一个收集废水的不锈钢水槽或托盘，向中心倾斜，之后废水由底部端口流出，排放至废水处理系统，排水管路装有气动阀门，由控制面板控制，可防止水的回流倒灌（图 10.5.2）。目前调研的 3 个品牌的化学淋浴的供水（消毒水和清洁水）和排水管道均有防回流措施。

实测3个品牌箱体内外压差、换气次数及箱体气密性　　表10.5.1

品牌	序号	房间名称	换气次数(h^{-1})	静压差最小值(静态值)(Pa)	静压差稳定值(动态值)(Pa)	起始测试压力(Pa)	终止测试压力(Pa)	测试时间(min)
法国STC	1	化学淋浴间1	25.0	−33(对正压服更衣1) −65(对大气)	−61(对大气)	—	—	—
	2	化学淋浴间2	28.5	−36(对正压服更衣2) −55(对大气)	−43(对大气)	—	—	—
	3	化学淋浴间3	26.1	−27(对正压服更衣3) −64(对大气)	−35(对大气)	—	—	—
	4	化学淋浴间4	25.2	−23(对正压服更衣4) −51(对大气)	−42(对大气)	−500	−408	20
德国FG	1	化学淋浴间1	159.4	−23(对防护服更换1) −105(对大气)	−95(对大气)	−500	−280	20
	2	化学淋浴间2	128.1	−31(对防护服更换2) −111(对大气)	−101(对大气)	−500	−400	20
	3	化学淋浴间3	163.8	−28(对防护服更换3) −108(对大气)	−95(对大气)	−500	−440	20
	4	化学淋浴间4	155.5	−30(对防护服更换4) −110(对大气)	−105(对大气)	−500	−295	20
	5	化学淋浴间5	151.1	−31(对防护服更换5) −109(对大气)	−101(对大气)	−500	−431	20
	6	化学淋浴间6	146.8	−23(对防护服更换6) −106(对大气)	−105(对大气)	−500	−511	20
	7	化学淋浴间7	186.4	−28(对防护服更换7) −110(对大气)	−100(对大气)	−500	−416	20
	8	化学淋浴间8	183.6	−25(对防护服更换8) −105(对大气)	−101(对大气)	−500	−426	20
	9	化学淋浴间9	167.4	−22(对防护服更换9) −104(对大气)	−99(对大气)	−500	−405	20
军事医学科学院卫生装备研究所	1	化学淋浴间	31.8	−79(对大气)	−80(对大气)	−513	−476	20

10.5.3　液位报警装置

目前调研的3个品牌的化学淋浴消毒装置药液储罐内加水至高位或排水至低液位时，自控系统声光报警均正常。

10.5.4　送排风高效过滤器检漏

化学淋浴箱体内送排风高效检漏方法主要有两种，按照《洁净室施工及验收规范》GB 50591—2010及《生物安全实验室建筑技术规范》GB 50346—2011的规定，对于采用扫描检漏的高效过滤器，上游≥0.5μm粒子浓度在不小于4000Pc/L的情况下，下游≥0.5μm的粒子浓度不应超过3Pc/2.83L；对于不能进

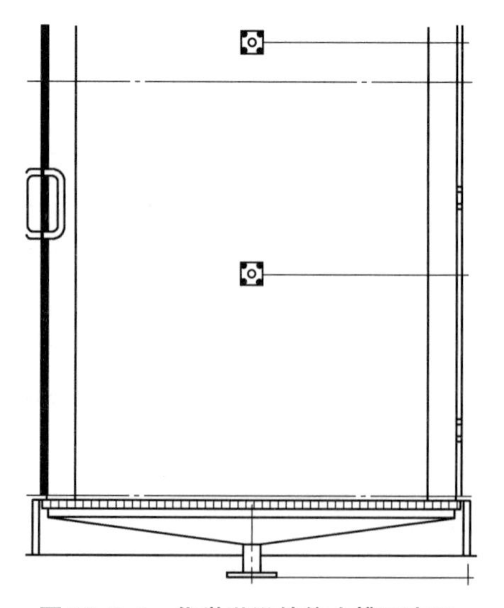

图10.5.2　化学淋浴箱体水槽示意图

行扫描检漏的高效过滤器，上游0.3～0.5μm的粒子浓度在不小于200000粒的情况下，下游0.3～0.5μm粒子的实测计数效率及置信度为95%的下限效率均不应低于99.99%。

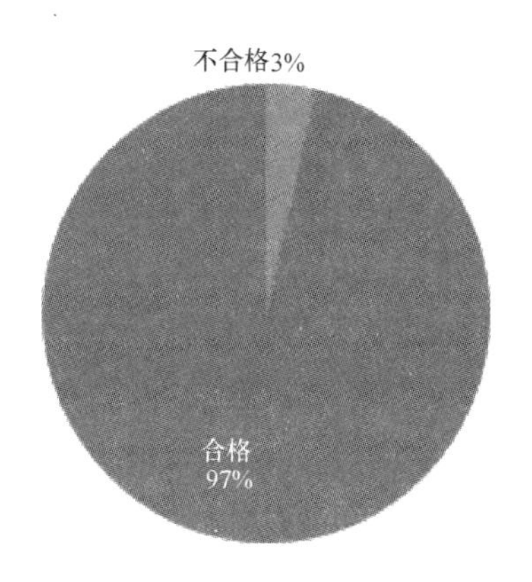

图 10.5.3-1　高效过滤器完整性合格率分布情况

按照《洁净室施工及验收规范》GB 50591—2010及《生物安全实验室建筑技术规范》GB 50346—2011的要求对3个品牌的送排风高效过滤器检漏检测进行统计，发现测试样本中的送排风高效过滤器检漏合格率为97%，见图10.5.3-1。

从测试结果可以看出，样本中的送排风高效过滤器检漏合格率较高，其主要原因是目前应用在化学淋浴上的高效过滤器所选用的材料及工艺安装形式较为成熟（油槽或者气动压紧式），加之大部分厂家在现场安装完毕后均对该项目进行自检，减少滤芯破损及安装边框泄漏现象的发生。而对于样本中有3%不合格的过滤器，主要还是安装不仔细又没有自检造成的，见图10.5.3-2。

图 10.5.3-2　高效过滤器滤芯破损

10.5.5　消毒效果验证

目前对于2个品牌化学淋浴的消毒效果验证（军事医学科学院卫生装备研究所没有验证），主要操作人员均为甲方人员，笔者主要是见证。目前来看消毒效果均可以满足规范要求。正压防护服消毒效果验证的测点位置及培养后的指示微生物见图 10.5.5-1 和图 10.5.5-2。

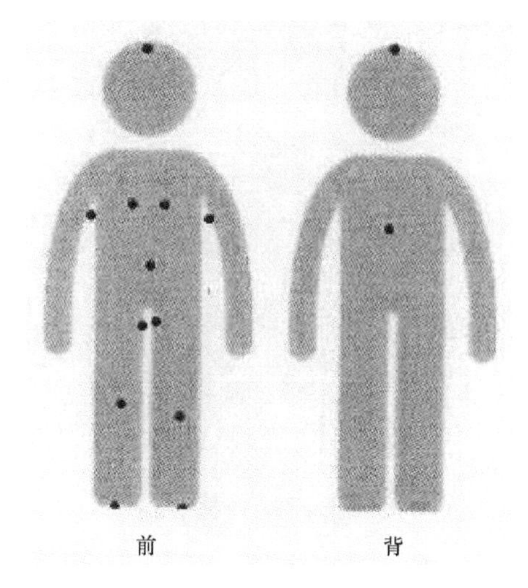

图 10.5.5-1　正压防护服菌片位置

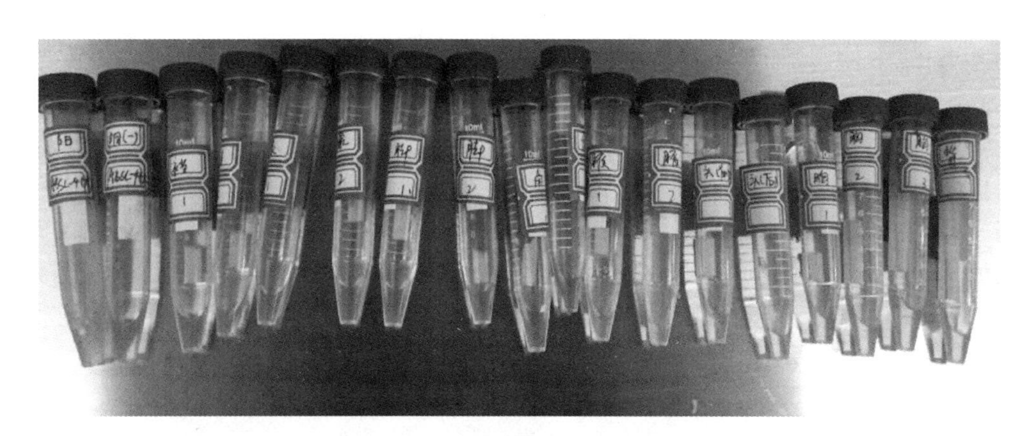

图 10.5.5-2　培养后的指示微生物

10.6　思考及风险评估

通过化学淋浴系统的现场测试及对化学淋浴运行模式的深入了解，发现规范中有些检测方法不能全面降低高级别生物安全实验室的风险，具体问题如下：

（1）目前调研的 3 个品牌的化学淋浴消毒装置药液储罐内加水至高位或排水至低液位时，自控系统声光报警均正常，均能满足规范的要求。但是如果实验室人员刚进入化学淋浴，储罐就发生低液位报警了，而此时实验室人员还是要进行化学淋浴的。如果储罐内剩余的液体不能满足化学淋浴一次完整消毒所需要的液量，那么就意味着实验室人员的防护服的消毒不彻底，就可能把实验室内的病菌带入洁净区，从而增大风险。建议调试时和现场验证时，再测试储罐低液位报警后，剩余液体可否满足化学淋浴一次完整的消毒，从而避免风险。

（2）目前化学淋浴系统都是靠自控软件来控制喷淋消毒的。如果实验室人员试验完刚进入化学淋浴间准备淋浴后出来时，化学淋浴的自控系统出问题了，不能控制系统喷淋消毒了，该怎么办？建议设备调试及现场验证时，增加一套紧急淋浴系统，可以在紧急状况或突发事故下，拉动紧急淋浴开关，从而达到消毒的目的。

（3）高级别生物安全实验室基本是常年运行的，目前设备厂家给甲方做的自控系统基本都是从实验室出来时需要化学淋浴，但通过化学淋浴间进入实验室是否需要化学淋浴呢？笔者认为当实验室人员进入化学淋浴间后，是不需要淋浴的，因为从洁净区进入化学淋浴是没有危害性病原微生物的，但是当实验室人员从化学淋浴间进入污染区并关上化学淋浴的气密门后，此时化学淋浴是应该喷淋消毒的。因为实验人员从化学淋浴进入实验室污染区时，化学淋浴与污染区是相通的，此时污染区就有气体进入化学淋浴间。如果不进行化学淋浴喷淋消毒，那么当下一个准备从化学淋浴进入实验室污染区的实验室人员打开化学淋浴与洁净区相邻的那道气密门时，就有可能造成污染区的气体进入到洁净区，从而增大了风险。所以笔者认为，当实验室人员从化学淋浴进入实验室污染区后，化学淋浴要进行喷淋消毒。

本章参考文献

[1] 中国建筑科学研究院. 生物安全实验室建筑技术规范 GB 50346—2011 [S]. 北京：中国建筑工业出版社.

[2] 中国建筑科学研究院. 洁净室施工及验收规范 GB 50591—2010 [S]. 北京：中国建筑工业出版社.

[3] 曹冠朋，冯昕，路宾. 高效空气过滤器现场检漏方法测试精度比较研究 [J]. 建筑科学，2015，31（6）：145-151.

[4] 许钟麟著. 空气洁净技术原理（第四版）[M]. 北京：科学出版社，2014.

[5] 陈咏. 生物安全高级别实验室化学淋浴技术工艺浅谈 [J]. 中国比较医学杂志，2013，33（6）：75-78.

编 后 语

2003年SARS爆发后，我国高级别生物安全实验室的建设发展迅速，截至2017年7月，共有70余家生物安全实验室获得认可，其中有50余家高级别生物安全实验室。生物安全实验室建筑设施及关键防护设备性能是确保实验室生物安全的前提。按照《实验室生物安全通用要求》GB 19489—2008、《生物安全实验室建筑技术规范》GB 50346—2011、《实验室设备生物安全性能评价技术规范》RB/T 199—2015的要求，生物安全实验室硬件设施设备应进行年度维护检测（或定期检测）与评价。国外很多要求高级别实验室（尤其是四级生物安全实验室）每年要重新验证，比如法国里昂的四级生物安全实验室要求每6个月由生物安全团队检测实验室的气密性，每年由专业公司进行整个实验室和各管道的气密性检测。

目前国内大部分高级别生物安全实验室硬件设施设备进行年度维护检测，但由于目前国内检测单位业务能力和水平良莠不齐，也出现了一些问题。如：某生物安全实验室核心工作间内的生物安全柜检测报告给出了工作窗口气流风速各测点的实测值及平均风速，数据显示各测点实测值基本都在平均风速（0.50m/s）的±10%以内（实际情况是工作窗口气流风速在不同高度上风速差别较大，从上到下风速依次增大，在接近操作面抽风口处甚至达到1.0m/s），很显然该检测单位并没有按照生物安全柜相关标准的测试方法进行测试，可能是检测人员并不懂生物安全柜该如何进行检测，也可能是根本就没有到现场检测而直接出具了错误（或虚假）的检测数据和报告，这是国内某生物安全实验室实际案例，类似情况时有发生。

国家标准及相关法规政策中有关硬件设施设备的年度维护检测（或定期检测），其初衷是帮助实验室管理者、操作者及相关主管部门及时有效地识别、降低和控制生物安全风险，避免造成病原微生物的泄漏，引起事故。但在实际执行环节出现类似错误的检测报告，这不得不引起我们的反思。错误或虚假的检测报告欺骗和伤害了实验室，尤其是对实验室内操作的一线人员来说，是极不负责任的，如果不幸由此造成人员感染、污染物外泄等安全事故，后果不堪设想。

本书编写的初衷之一是希望帮助从事生物安全实验室硬件设施设备检测的检测单位和人员更好地提高业务能力和服务水平。西安地铁问题电缆事件发生后，联合调查组调查报告披露奥凯公司的违法犯罪问题其中有一条为“在产品检验环节弄虚作假”，具体表现为“为逃避监管，奥凯公司在企业自检、业主要求的社会第三方委托检验、施工单位抽检等3个环节弄虚作假：产品出厂检验减少检验项目；伪造检验报告；违规自行抽取样品、送检样品、领取检验报告”。生物安全实验室设施及关键防护设备的检测应防微杜渐。

生物安全是国家安全的重要组成部分，我国已把生物安全纳入国家战略。由于生物安全实验室设施设备涉及建筑学、微生物学、公共卫生学、医学、环境科学等学科，属于典型的多学科交叉融合。即使是建筑学领域，也至少涉及建筑、结构、给排水、暖通、电气自控、气体动力六个专业。这对生物安全实验室管理者提出了较高的要求和挑战，在实验室运行维护队伍、专业检测公司的选择上应慎重。即使是实验室自检，也应符合相关国家标准法规要求以规避风险，如按ISO 17025建立质量管理体系，明确人、机、料、法、环五要素（如制订操作规程、检测仪器设备的定期校准标定、检测人员的技术能力培训、报告授权签字人的培训等）。

高级别生物安全实验室在我国仍是新生事物，建设者和使用者的经验仍需积累。未知的、不可控的风险依然存在，在这种状态下，采取相对保守的防护原则是明智之举。我国是人口大国、畜牧业大国，从社会安全的角度考虑，生物安全问题再怎么小心谨慎都不过分，生物安全风险是社会不可接受的风险，而设施的安全性则是唯一客观可评估的指标，应进行年度维护检测（或定期检测）与评价。

致　谢

生物安全实验室设施设备应用范围较广，医院建筑中检验科、病理科、静脉配置中心等均设有大量生物安全柜，部分房间为二级生物安全实验室。根据住房和城乡建设部《关于印发2017年工程建设标准规范制修订及相关工作计划的通知》（建标［2016］248号）的要求，国家标准《医院洁净护理与隔离单元技术标准》已列入编制计划，中国建筑科学研究院为第一起草单位，本书是国家计划下达的这一标准的一项预研成果，是该国家标准的前期资料调研和理论热身。

本书研究成果主要来源于国家建筑工程质量监督检验中心净化空调检测部近六年（2011～2016年）时间，对国内绝大部分生物安全实验室尤其是高等级生物安全实验室设施及关键防护设备的现场检测。这里要感谢国家建筑工程质量监督检验中心，更要感谢所有来自科研院所、疾控中心、动物疫控中心、出入境检验检疫系统、食药局、医院、企业等各生物安全实验室领导和专家。

本书在编写过程中得到了中国建筑科学研究院净化空调技术中心和中国合格评定国家认可中心认可四处全体员工的大力支持，另外青岛丞拾实验室技术有限公司提供了很多技术资料和照片，在此一并表示感谢。